Introduction to Information
Technology Architect

ITアーキテクト入門

澤橋松王 監修
臼杵翔梧、奥山加菜子、河合琢磨、
須藤保子、松澤匡乙 著

JN206217

C&R研究所

はじめに

　デジタル変革の重要性と緊急性が叫ばれるようになって久しいですが、社会成長や企業価値の向上を主眼とした本来のデジタル変革に着手できている日本企業は多くはなく、テクノロジーの導入が目的化しているケースが散見されます。要因として"IT人材不足"が挙げられることが多いですが、デジタル変革を実現できる人材とは、単にITリテラシーが高いだけでなく、ビジネス課題をテクノロジーにより解決し、社会や企業の成長につなげることができなければなりません。これを実現できるプロフェッショナルこそが「ITアーキテクト」であり、IT業界としてその裾野を広げていくことが急務であると考えます。

　本書では、IT業界に従事したことのない学生やIT業界へ転職を考えている、IT業界での十分な経験がない初心者でも理解できるように、ITアーキテクトという職種とは何か、他のIT職種とはどう違うのか、などをやさしく解説します。IT部門を統括する責任者に向けては、ITアーキテクチャを適切に設計することがいかに重要かを理解できるだけでなく、ITアーキテクトを育成するためのヒントも解説しています。

　ITアーキテクチャは幅広い領域を持っています。組織全体のITを表すエンタープライズアーキテクチャ、組織構造を表すビジネスアーキテクチャ、ビジネス上の課題を解決するためのITソリューションを表すソリューションアーキテクチャ、ソフトウェアの構造や設計を表すソフトウェアアーキテクチャ、システムの基盤や運用構造を表すインフラストラクチャアーキテクチャ、という5つの分野があります。ITアーキテクトはこれらの特化分野で経験を積んで、それぞれのアーキテクチャを作成します。それぞれの特化分野において、どのような考え方でアーキテクチャを作成するのか、そのための方法論や、業務内容、必要とするスキルを解説します。

　本書を読んでいただくことにより、ITアーキテクトという素晴らしい職種に興味を持っていただき、ぜひその世界に飛び込むためのきっかけになれば幸いです。

2024年8月

著者一同

本書について

本書の構成

本書は、次の章から構成されています。

- CHAPTER 01：ITアーキテクトとITアーキテクチャ
- CHAPTER 02：ITアーキテクトの全体像
- CHAPTER 03：ソフトウェアアーキテクト
- CHAPTER 04：インフラストラクチャアーキテクト
- CHAPTER 05：ソリューションアーキテクト
- CHAPTER 06：ビジネスアーキテクト
- CHAPTER 07：エンタープライズアーキテクト
- CHAPTER 08：アーキテクトとアジャイル開発
- CHAPTER 09：ITアーキテクトのスキルアップ

CHAPTER 01では、ITアーキテクトという職種の話と、ITアーキテクトが制作するITアーキテクチャについて解説します。ITアーキテクトとITアーキテクチャとは何なのか、建築学の例を参考に紐解いていきます。

CHAPTER 02では、ITアーキテクトの定義とその役割およびスキル、またITアーキテクトの種類とそれぞれの特徴、他のITプロフェッションとの違いについて全体像を解説します。

CHAPTER 03からCHAPTER 07は特化分野ごとの詳細な解説になっていますので、興味のある分野だけを読んでいただくことも可能です。

CHAPTER 08では、昨今のITシステム開発でも広く活用されているアジャイル開発について触れ、アジャイル案件のさまざまなフェーズ、体制の中でのITアーキテクトの役割や振る舞いについて、実践例も交えながら解説します。

CHAPTER 09では、ITアーキテクトに求められるスキルをカテゴリーに分けて説明した上で、ITアーキテクトがスキルアップするための実践方法として、ITアーキテクトの設計プロセスや技術知識を身に付けるための研修受講と認定資格取得について解説します。

🔲 対象読者について

　本書は、次のような読者に向けて構成されています。

- IT業界への就職を目指す学生や他業界からの転職を目指す社会人
- ITアーキテクトを目指す若手のシステムエンジニア
- IT人材育成に悩むIT部門長やCIO

※情報処理技術者試験の「システムアーキテクト」に特化せず受験対策は目的としていません。

目次 *contents*

◈CHAPTER-01

ITアーキテクトとITアーキテクチャ

● CHAPTER-04
インフラストラクチャアーキテクト

● CHAPTER-05

ソリューションアーキテクト

● CHAPTER-06
ビジネスアーキテクト

CHAPTER-07

エンタープライズアーキテクト

CHAPTER 01
ITアーキテクトと
ITアーキテクチャ

▶▶▶ 本章の概要

　本章では、ITアーキテクトという職種の話と、ITアーキテクトが制作するITアーキテクチャの違いについて、建築学を参考に紐解いていきます。そしてITアーキテクトが活動する内容や領域についても解説します。

アーキテクトの語源

ITが付かない**アーキテクト**は、建築業界で使われている言葉です。ITアーキテクトの意味を知る前に、建築学からみた語源を探ることで、その真意をつかめると思います。辞書で引くと、アーキテクトは建築家、建築士、設計士といった人のことを意味します。「アーキテクト」という単語はギリシャ語の"Architectus"（チーフ建設者）が語源です。"Architectus"は"arkhi"（チーフ、親方、マイスター）と"tekton"（建設者、大工、ビルダー）を合成した単語です。古代ギリシャでは重要な建物の設計と施工の両方に責任を持つ人物を指し、美学と建築の両方に精通していました。

●アーキテクトの語源

アーキテクトの語源

ギリシャ語の
「 **Architectus - チーフ建設者** 」が語源。

arkhi … チーフ、親方、マイスター
＋
tekton … 建設者、大工、ビルダー

古代ギリシャでは重要な建物の設計と施工両方に責任を持つ人物を指し、美学と建築の両方に精通していた。

ITの世界で見ると、**ITアーキテクト**とは、重要なITシステムの設計と施工（構築）に責任を持つ人物、と置き換えて考えることができます。

アーキテクチャとは

　一方で、「アーキテクチャ」とはなんでしょうか。「アーキテクト」と似ているのでよく混同されますが、ここではアーキテクトとアーキテクチャをしっかり理解していただきたいと思い、同様に建築学を題材に語源を探ってみたいと思います。

🔷 アーキテクチャとは

　建築学では**アーキテクチャ**は建築の様式を示します。建築の様式とは、建築物の構造や設計方法、工法を含めた全体を意味する用語です。

●アーキテクチャとは

> ### アーキテクチャとは
>
> 建築学ではアーキテクチャは建築の様式を表す。
> 建築物の構造や設計方法、工法を含めた全体を意味する用語。

　建築の世界ではさまざまな分野のアーキテクチャがあります。家屋、ビルのような個別の建造物のアーキテクチャや、庭園や公園などのアーキテクチャ、あるいは都市デザインのような街全体のアーキテクチャ(ランドスケープアーキテクチャ)という分野もあります。古い街並みのある都市では、街全体の色調や建造物の高さを規制したりして、街全体に統一感を持たせているところもあります。逆にさまざまな色の看板や建物が乱立していて統一感がないところもあります。

● 建築の世界のアーキテクチャ

庭園もアーキテクチャ

京都の街並み

都市デザイン
（ランドスケープアーキテクチャ）

　ITの世界でも同様に考えることができます。「建築様式」を「システム様式」と置き換えて考えてみてください。「建築の様式」とは、建築物の構造や設計方法、工法を含めた全体を意味する用語ですが、「システム様式」とは、ITシステムの構造や設計方法、開発工法を含めた全体を意味する用語、とまったく置き換えて言い表すことができます。アーキテクチャが存在しないITシステムは、統一感がない、わかりにくい、混乱したITシステムになってしまい、機能を拡張したりメンテナンスしたりすることがとても難しくなってしまいます。

🎁 アーキテクチャの要素とは

建築学ではアーキテクチャには次の3つの要素が重要といわれています。

- 用……住むために必要な用途・機能を備えていること
- 調……周辺環境に配慮し、気候と調和していること
- 美……姿、形、色彩が美しいこと

● アーキテクチャの3つの要素

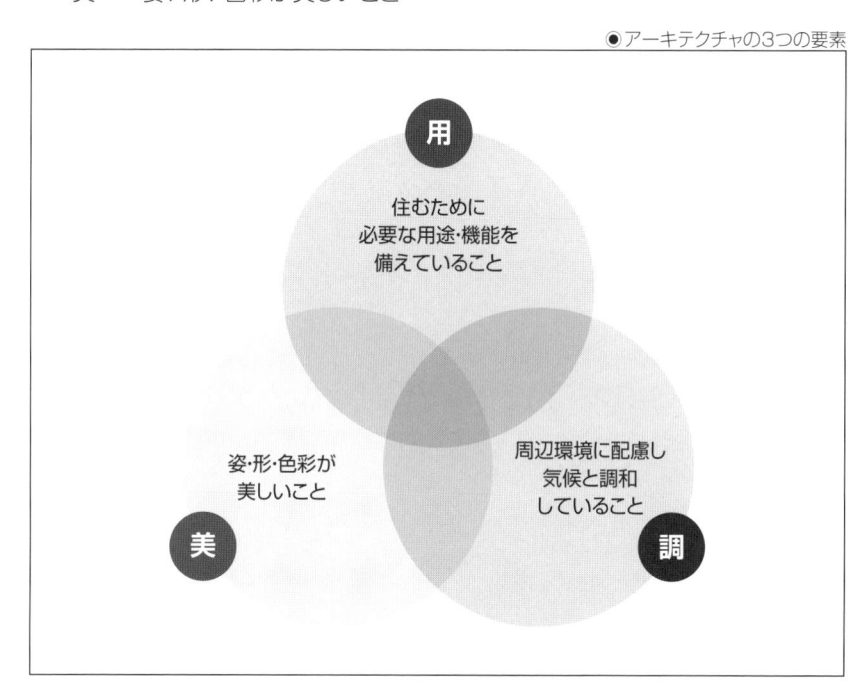

この考え方はIT業界でも同じだと考えています。「用」は機能要件と呼ばれ、ITシステムを開発する上で、どんな機能が必要かということです。「調」はコンテキスト（文脈）を意味し、開発するITシステムが、すでに存在するITシステムと調和が取れているか、あるいは、ITシステムを利用するユーザー、あるいはメンテナンスする人のスキルや経験に合致しているか、要は使いこなせるようになっているか、ということです。「美」は一見するとITには無関係のように思われるかもしれませんが、ITシステムの構成図を見たときに複雑過ぎて理解するのに一苦労する、という経験はよくあります。複雑なITシステムをシンプルにわかりやすく図にする、というのは実はとても難しいことなのです。ITアーキテクトは徹底的に美しさにこだわってほしいと思っています。美しさとはすなわちわかりやすさにも通じると思っています。

IT業界におけるアーキテクチャ

　IT業界におけるアーキテクチャにはどのような種類があるのか見ていきましょう。IT業界におけるアーキテクチャには小さいものから大きいものまでさまざまなところでアーキテクチャを見ることができます。

🍱 CPUアーキテクチャ

　コンピュータの歴史を紐解くと、1959年にIBM社がIBM System/360という大型汎用機の開発で初めてアーキテクチャという概念を使用しました。コンピュータのハードウェアがどのような構造でできているかを表しました。入出力インタフェース、レジスタ、命令セットなどで構成されるハードウェアの構造を示したのです。

　その後、インテル社の8086アーキテクチャやモトローラー社の6809など、各社独自の**CPUアーキテクチャ**を発表しました。8086は現在もx86アーキテクチャとして継承されており、別名IA(Intel Architecture)などとも呼ばれています。PCサーバーのことをIAサーバーということがありますが、これはインテル社製のCPUを搭載したPCサーバーを表しています。

🍱 ソフトウェアアーキテクチャ

　ITシステムのソフトウェアを設計する際に用いられるのが**ソフトウェアアーキテクチャ**です。30年以上前にPCサーバーが登場したころに盛んに取り入れられたのが、「クライアントサーバー」アーキテクチャです。クライアントとはPCを指し、サーバーは汎用機、UNIXサーバー、PCサーバーなどが用いられていました。ユーザーインタフェースを司るソフトウェアをクライアントPCに導入し、サーバーにはビジネスロジックやデータベースを司るソフトウェアを導入し、相互に連携して稼働することでITシステムを実現していました。現在普及しているスマートフォンのアプリも、クラウド上のサーバーソフトウェアがなければ稼働しないものが大半となっており、クライアントサーバーアーキテクチャの一種といえるでしょう。

◈ エンタープライズアーキテクチャ

　企業などの組織で利用されるITシステムは多岐にわたっています。会計システムや人事システム、物流システムなど、さまざまなITシステムが連動したり補完したりしあって企業や組織のビジネスを支えています。個々のITシステムを設計する際に用いられるのがソフトウェアアーキテクチャだとすると、企業や組織全体のITを考えたアーキテクチャのことを**エンタープライズアーキテクチャ**と呼びます。建築学にたとえると、ビルや建造物を1つひとつ設計するのではなく広域エリア全体を設計するランドスケープアーキテクチャ、あるいは都市デザインに似ています。

　こちらに掲載したITに関連したアーキテクチャはほんの一部です。本書を読み進めていただけると、他にも数々のITアーキテクチャが存在することがご理解いただけると思います。

ITアーキテクトの活動とは

　ここではITアーキテクトがどのような手順でITアーキテクチャを設計するのか、そのプロセスについて見ていきたいと思います。

● 要件を洗い出す

　要件とはやりたいこと、すなわち開発するITシステムで実現したいことを表します。どんな機能があれば実現できるのか、という観点で整理する要件のことを機能要件と呼びます。オンラインショッピングサイトを設計する場合であれば、ログイン機能や商品一覧表示機能、オーダー機能などが思い浮かびます。また、その機能がどのような性能であれば満足して利用できるのか、という観点で整理する要件のことを非機能要件と呼びます。同じ例で見ると、ログインして何秒で商品一覧画面が表示されるか、といった性能を表します。

● 制約を洗い出す

　新しいITシステムを企画して開発するためには予算が必要です。どんなに良い機能を盛り込もうとしても予算を超過しては開発できません。あるいは、企業や組織でこれまで使い慣れてきたソフトウェア製品ではなく、まったく新しいソフトウェア製品を使用しようとすると、開発や保守するメンバのスキルや経験が不足して開発や維持が難しくなる恐れがあります。ソフトウェアライセンス料金の観点でも同じ製品を利用することでコストメリットが出る場合もあります。

　このような要件とは関係ない課題のことを**制約**と呼びます。

● 要件と制約を整理して構造化する

　要件と制約が洗い出されたら、競合したり相反したりする要件や制約がないかどうかを分析・構造化します。競合や相反する要件や制約が見つかった場合は、必要に応じて該当する要件や制約を削除する必要があります。削除するとしてもITアーキテクトの一存で決定することはできませんので、関係者（ステークホルダー）との調整や合意を迫ることになります。

　このようにITアーキテクトは単にシステムを設計するだけでなく、ステークホルダーとの交渉などの高いコミュニケーションスキルが要求されます。

● 参照アーキテクチャを探してFit Gap分析する

参照アーキテクチャ（リファレンスアーキテクチャ）とは、すでに世の中で稼働しているITシステムで採用されている実績のあるアーキテクチャのことを指します。たとえば、先に紹介したクライアントサーバーアーキテクチャのようなものです。要件と制約に合致すると思われる参照アーキテクチャを見つけたら、整理した要件と制約と合致するか差分を分析（**Fit Gap分析**）します。

● アーキテクチャを設計する

参照アーキテクチャと要件・制約の差分については、別の参照アーキテクチャの一部を持ち込んだり、あるいは新たにアーキテクチャを設計したりします。アーキテクチャをゼロから設計する場合もないわけではありませんが、やはり実績があり参照できる構造や設計技法などを参考に設計することで、品質の良いアーキテクチャを設計することができます。

● 実現可能性を評価する

アーキテクチャが完成したらいきなり開発に入るわけにはいきません。設計したアーキテクチャが本当に実現したい機能を満たすのか、性能は発揮されるのか、机上で徹底的にシミュレーションし分析する必要があります。これを怠ると開発フェーズや運用フェーズに入ってから重大な欠陥に気がつき、回収に大幅な時間とコストがかかることになってしまいます。

●ITアーキテクトの活動とは

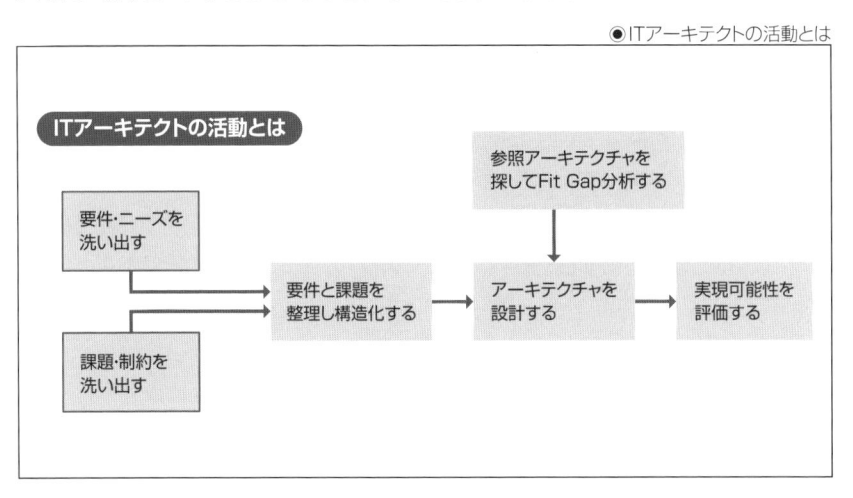

IT人材におけるITアーキテクトの位置付け

ITに関わる人材は多岐にわたりますが、ここではITシステムを企画・開発し運用するまでの一連のライフサイクルに関わるIT人材をビックアップし、ITアーキテクトが関わるフェーズや役割について解説します。

🌐 構想立案

あるITシステムを開発しようとする前に、そのシステムがどのようなビジネス課題を解決するのか、という構想を立案する最も初期のフェーズです。一般的には業務に精通したコンサルタントが中心となってこのフェーズを推進しますが、すでにあるシステムやアーキテクチャ、使用しているソフトウェアやサービスとの整合性を考慮するために、ITアーキテクトに意見を求められる場合があります。また、ハイレベルなシステム構造をこの段階で構想することもあり、その場合もITアーキテクトがその役割を果たします。

🌐 計画立案

開発期間や開発体制、予算などを決める計画立案フェーズでは、引き続きコンサルタントが中心となって推進しますが、使用するソフトウェアやアーキテクチャと密接に関連するため、ここでもITアーキテクトが活躍します。

🌐 要件定義

機能要件や非機能要件、制約を洗い出して整理し分析するフェーズです。これらは競合・相反することも多く、ステークホルダーとの調整も頻繁に行われます。プロジェクトマネージャが全体のスケジュールや課題管理などをリードしますが、開発するITシステムの内容についてはITアーキテクトが中心となって活動します。参照アーキテクチャを探してFit Gap分析するのもこのフェーズです。

🌐 開発

実際にソフトウェアのソースコードを開発するこのフェーズでは、主にプロジェクト全体を管理するプロジェクトマネージャと、開発系のITスペシャリストが活躍しますが、ITアーキテクトも設計したアーキテクチャが実装されているかどうかモニタリングする必要があります。

◆ 構築

　構築フェーズでは、開発したITシステムが非機能要件を満たして稼働するためにインフラストラクチャの設計を行い構築します。インフラストラクチャ設計もアーキテクチャの一部なのでITアーキテクトが活躍します。実際に構築作業を行うのはインフラ系のITスペシャリストですが、非機能要件を満たしているかどうかをモニタリングするのはITアーキテクトの役割です。

◆ 運用

　開発したITシステムが本番稼働を始めて運用フェーズに入る前に、運用を設計する必要があります。運用には主にアプリケーションの運用とインフラストラクチャの運用があります。

　アプリケーションの運用を設計する、とは開発したソフトウェアを機能拡張したり、バグ修正したりする際に、どのようにそれらを取り行うかというプロセスやツールを決定する行為です。インフラストラクチャの運用を設計する、とはシステムが稼働するインフラストラクチャ（サーバーやネットワーク、ストレージなど）が適切に稼働しているかどうかを監視したり、パッチ適用やソフトウェアをアップグレードしたりする際のプロセスやツールを決定する行為です。

　これらは開発するシステムのアーキテクチャと密接に関連しているので、ITアーキテクトがリーダーシップをとって設計を行います。

●IT人材におけるアーキテクトの位置付け

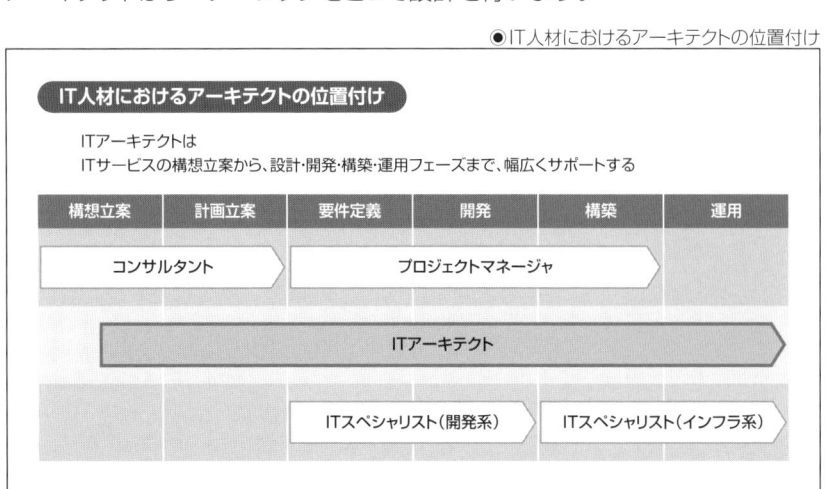

IT人材におけるアーキテクトの位置付け

ITアーキテクトは
ITサービスの構想立案から、設計・開発・構築・運用フェーズまで、幅広くサポートする

構想立案	計画立案	要件定義	開発	構築	運用
コンサルタント		プロジェクトマネージャ			
		ITアーキテクト			
		ITスペシャリスト（開発系）	ITスペシャリスト（インフラ系）		

　このように、ITアーキテクトは、開発するシステムの構想段階から運用フェーズまで幅広く活躍することがご理解いただけたと思います。また多くのIT人材やステークホルダーとコミュニケーションをとりながらプロジェクトを進めていく上でもITアーキテクトが果たす役割はとても重要です。

SECTION-06
現代におけるITアーキテクチャの重要性

　現代、特にこの20年ほどは、さまざまな分野における急速な技術革新により、ビジネススピードは格段に速くなりました。特に先進国においては基本的な生活を送る環境が整った人の割合が増え、生活により楽しみや潤いを与える趣味やこだわりの商品、サービスにお金を惜しまず使う人が増えています。ビジネス提供側もこれまでにないアイデアと技術を発揮し、異業種間での協業などで新しいサービスを生み出しています。サブスク化などの新しいビジネスモデルを立ち上げて、手頃な価格でちょっと試してみようという顧客のニーズに応えてもいます。

　このようなビジネスのスピード、多様化を支えるIT技術の進歩の背景には、クラウドコンピューティングの台頭やモバイルデバイスの普及があると思います。ひと昔前に比べると圧倒的な低予算と短い納期でシステムを構築してすぐにビジネスに適用できるようになりました。

　一方で、多くの歴史ある企業では、長年使い続けてきた基幹業務を担う重要なオンプレミスのシステムも現役で稼働しています。これらの維持管理コストや、少子高齢化に伴うメンテナンス要員の減少は年々大きな問題となっています。これらの重要なシステムを時代に即した形にアップグレードする、モダナイゼーションへの取り組みは多大な時間とコストがかかる作業であり、適切な戦略をもって計画的に進めていかなくてはなりません。

　このような時代の流れとIT技術をとりまく変化の中で、各企業はいまこそ明確なビジョンと事業戦略、ロードマップを描き、それに基づいてITシステムをどのように効果的に活用し時代にあったものに変更していくのかという、エンタープライズアーキテクチャ（Enterprise Architecture、EA）を策定し、状況に応じて見直していくことが非常に重要です。そしてそのEAの策定そのものを担い、EAに基づく個別のシステムのアーキテクチャを考えその実現をリードする、さまざまな専門分野のITアーキテクトの存在がますます重要になっているのです。

　これからのITアーキテクトには、既存のオンプレミスやクラウドの数多ある技術要素が複雑に絡み合ったIT環境を、時にときほぐし、時に大胆にリニューアルをしながらも、既存の業務に影響を与えず、新規のビジネス拡大を支えるという重大なミッションが託されています。

　開発手法においても、従来システム開発の主流であったウォーターフォールと、昨今広がりを見せているアジャイル開発の大きく2つを、開発するシステムやプロジェクトの特性を考慮して、適切に選択する必要がでてきています。

　技術の進歩や開発手法の多様化があったとしても、ビジネス課題や顧客の要求にあったソリューションを考え、さまざまな立場のステークホルダーの利害関係を調整し、それを実現する最良のアーキテクチャを策定する、というアーキテクトの活動は普遍的なものです。

　この後の章では、エンタープライズのさまざまなレイヤー、エリアにおけるアーキテクチャを策定するアーキテクトの活動について説明します。ITアーキテクトにはどのような活躍の領域があり、具体的にどのように業務を行なっているのか、そしてどのようにエンタープライズなビジネス活動を支えているのか、見てみましょう。

本章のまとめ

　本章では、建築学になぞらえてITアーキテクトとITアーキテクチャが何なのかを明らかにしました。ITアーキテクトがどのような思考でどのような活動を行い、ITアーキテクチャというITシステムの設計図を描いていくのか解説しました。

　ITアーキテクトは、ITに関するテクノロジーや参照アーキテクチャなどの幅広い知識やそれを使いこなしたという経験や実績が求められるだけでなく、システムのライフサイクル全般において、ステークホルダーや他のIT人材との高いコミュニケーション能力が求められることもご理解いただけたかと思います。

CHAPTER 02
ITアーキテクトの全体像

■■■ **本章の概要**

　ITアーキテクトはビジネスアーキテクチャおよびITアーキテクチャの策定を職務とし、システムのライフサイクル全般において、関わる多くの人を満足させるために、あらゆる技術上の判断を行うプロフェッショナルです。

　ITアーキテクトの業務内容、成果物、活用する方法論やツール、求められるスキルセットについて説明し、他のITプロフェッショナルとの違いも述べます。

ITアーキテクトの概観

ITアーキテクトの定義、ITアーキテクトの担うべき役割および必要とされるスキル、他のスペシャリストとの違い、キャリアパスと必要な資格や認定について述べていきます。

◼ITアーキテクトとは

ITアーキテクトとは、企業の経営戦略に合わせたビジネスアーキテクチャ、またそれに基づくシステムの設計および構築を行うプロフェッショナルです。ITアーキテクトはITシステムのライフサイクル全般にわたり、技術的な判断を下す責任を負っています。ITアーキテクトの主な役割は、システムが効率的かつ効果的に機能するように設計し、チームや関係者（ステークホルダー）と協力してシステムの最適化を図ることです。

ITアーキテクトは、システム要件の分析、設計パターンの選定、技術スタックの決定、リスク評価、およびシステム統合など、多岐にわたる業務を担当します。技術的な専門知識だけでなく、プロジェクト管理能力やコミュニケーションスキルも求められます。

「アーキテクト」は、「建築士」や「設計者」を意味する言葉であり、**ITアーキテクトは経営とIT全体を見据えビジネスアーキテクチャおよびアプリケーション、データ、インフラなどのITアーキテクチャを設計します**。つまりITアーキテクトとは、ITコンサルタントが行う経営戦略立案と、ITエンジニアが行うシステム設計の両方の業務領域を理解する必要があります。

◼ITアーキテクトの担う役割の例

ITアーキテクトの担う役割は次のように多岐にわたります。

- ビジネスおよびIT課題の整理
  - エンタープライズのビジネス課題およびIT課題を整理する。
  - エンタープライズにおける全体としてのアーキテクチャを策定する。
- ビジネスアーキテクチャ／ITアーキテクチャ設計と開発のリード
  - 組織のビジネスニーズを理解し、それに応じたシステムの設計を行う。
  - 新しい技術やソリューションを導入し、既存のシステムを改善する。

- 技術戦略の策定
  - 長期的な技術戦略を策定し、それを実行する。
  - 組織全体のITインフラの効率性と効果を最大化するための計画を立てる。
- 技術評価（レビュー）とアーキテクチャ決定
  - 新しい技術やツールの評価を行い、それらが組織に適しているかを判断する。
  - 必要に応じて、ベンダーやパートナーとの協力を通じて技術選定を行う。
- プロジェクトの技術リード
  - ITプロジェクトのリードを取り、設計から実装、テスト、デプロイメントまでを管理する。
  - プロジェクトの進行状況を監視し、問題が発生した場合に迅速に対応する。
- プロジェクトの技術的なガバナンス　例）セキュリティとコンプライアンス
  - システムとデータのセキュリティを確保し、コンプライアンス要件に従う。
  - セキュリティポリシーと手順を策定し、実施する。

ITアーキテクトに必要なスキル

ITアーキテクトには次のようなスキルが必要とされます。

- 技術的スキル
  - システム設計、ソフトウェア開発、ネットワークアーキテクチャの知識
  - クラウドコンピューティング、データベース管理、サイバーセキュリティなどの専門知識
- ソフトスキル
  - 問題解決能力と批判的思考
  - 優れたコミュニケーションスキルとチームワーク
  - リーダーシップとプロジェクト管理能力
- ビジネス知識
  - 組織のビジネスモデルや業界のトレンドに関する理解
  - ビジネスニーズを技術的なソリューションに翻訳する能力

❖ ITアーキテクトに必要な資格と認定の例

ITアーキテクトの役割は多岐にわたり、高度な技術スキルとビジネスの知識が求められます。ITアーキテクトは、組織のITインフラの中核をなす重要な役割を担い、技術的なソリューションを提供してビジネスの成功に貢献します。ITアーキテクトに推奨される資格試験についてはCHAPTER 09で詳しく説明しています。

❖ 他のITプロフェッションとの違い

ITアーキテクトと他のITプロフェッションとの違いは、ITアーキテクトがシステム全体の設計と戦略的な視点からの最適化に重点を置いている点にあります。ITアーキテクトはシステムのインフラ、アプリケーション、データ管理、セキュリティなど、さまざまな要素を統合し、全体としての効率性・安定稼働とパフォーマンスを向上させる役割を担っています。他のITプロフェッションは、たとえばプログラマーやネットワークエンジニアといった専門分野に特化しており、特定の技術的な課題に対処することが主な任務です。

ITに精通し、高い技術がある人のことを「ITスペシャリスト」と呼ぶことがあります。これはITにおいて特化した分野がある専門家を総称する言葉です。たとえば「プラットフォーム」「ネットワーク」「データベース」「アプリケーション共通基盤」「システム管理」「セキュリティ」などの領域に精通している人材をITスペシャリストと呼びます。

一方、ITアーキテクトとは、**ITスペシャリストに「経営的視点」を加え、経営の観点も考慮してより広い視野が必要とされる職種であり、ITスペシャリストからキャリアアップする際、代表的なキャリアパスの1つです。**

ITアーキテクトの専門分野

ITアーキテクトと一言で言っても実はさまざまな専門分野(あるいは特化分野)があります。ここではITアーキテクトの代表的な専門分野を見ていきます。

🔷 エンタープライズアーキテクト

エンタープライズアーキテクトとは、企業全体の情報システムや業務プロセスを最適化するための戦略的な役割を担う専門職です。エンタープライズアーキテクトは、ビジネス目標と技術的ソリューションを結び付け、組織が効率的かつ効果的に運営されるように支援します。具体的には、ITインフラの設計、システム統合、技術標準の策定などを行い、全体的な技術戦略をリードします。

エンタープライズアーキテクトが活躍する場面や領域は、**企業全体に関わる広い領域でのITアーキテクチャ設計**が主となります。たとえば、企業のIT戦略の策定やシステムの設計・統合、業務プロセスの最適化などがあります。企業のビジネス目標を達成するために、技術的な視点から全体のアーキテクチャを設計し、部門間の調整を行うことも重要な役割の1つです。さらに、新しい技術の導入や既存システムの更新においても、エンタープライズアーキテクトの洞察力と経験による判断が必要です。

🔷 ビジネスアーキテクト

ビジネスアーキテクトは、ビジネスゴールを達成するために、戦略的な視点から業務の流れを整理し、ビジネスの構造(アーキテクチャ)の設計を行います。企業や組織のビジネスプロセスや情報システムを整理し、**顧客に価値を届けるための流れとそれを支える企業の能力(ケイパビリティ)を定義**します。

ビジネスアーキテクトは、企業のビジネス戦略を踏まえ、業務プロセスの最適化やシステムの導入を通じて組織全体の効率を向上させ、顧客に価値を届けるためのビジネスプロセスを設計する役割を担います。具体的には、新規事業の立ち上げ、既存事業の再構築、デジタルトランスフォーメーションの推進などを担当します。

▣ ソリューションアーキテクト

ソリューションアーキテクトとは、**企業や組織の課題を解決するために、適切なソフトウェアや技術的なソリューションを設計および実装する専門家**のことを指します。ソリューションアーキテクトはクライアントのニーズを理解し、それに最適なシステムを構築するために、開発チームと密に連携しシステムのアーキテクチャを設計します。また、最新の技術トレンドを把握し、効率的で革新的なソリューションを提供するための戦略を立てる役割も担っています。

ソリューションアーキテクトが活躍する場面としては、多岐にわたる技術的な課題を解決するためのシステム設計や、プロジェクトで採用するITインフラストラクチャの最適化が含まれます。複雑なプロジェクトの要件を理解し、適切なソリューションを提案することで、クライアントやチームメンバーとのコミュニケーションを円滑に進める役割も果たします。

COLUMN

エンタープライズアーキテクトとソリューションアーキテクトの違い

エンタープライズアーキテクトとソリューションアーキテクトはどちらも企業の課題を解決するためにシステムを設計する役割を担っていますが、両者には違いがあります。

エンタープライズアーキテクトは全社的視点で組織全体のITアーキテクチャの最適化とガバナンスを行います。

一方、ソリューションアーキテクトは特定のプロジェクトやシステムに焦点を当て、その設計と実装を担当し、プロジェクトの具体的なニーズに応じたソリューションを提供します。

ソフトウェアアーキテクト

ソフトウェアアーキテクトとは、**ソフトウェアシステム全体の設計と構造を計画し、開発チームが効率的かつ効果的に働けるように指導する専門職**です。ソフトウェアアーキテクトはソフトウェアの設計原則、ベストプラクティス、技術的な課題に精通しており、プロジェクトの成功に大きな影響を与えます。また、技術的な決定を行い、システムの拡張性、信頼性、およびパフォーマンスを確保する役割も担っています。

ソフトウェアアーキテクトが活躍する場面領域には、システムの設計や開発の初期段階から運用、保守に至るまでの幅広いプロセスが含まれます。具体的には、システム全体の構成を考え、最適な技術選定を行い、効率的かつスケーラブルなアーキテクチャを構築することが求められます。また、プロジェクトチームとのコミュニケーションを円滑にし、技術的な課題を解決する役割も重要です。さらに、最新の技術動向を把握し、それを実際のプロジェクトに適用することで、競争力のあるソフトウェアソリューションを提供することが期待されます。

インフラストラクチャアーキテクト

インフラストラクチャアーキテクトとは、**企業や組織のITインフラストラクチャを設計、構築、管理する専門家**のことを指します。この役割は、ネットワーク、サーバー、ストレージシステム、セキュリティ対策など、さまざまな技術的要素を統合し、最適なパフォーマンスを実現するための戦略を策定することを含みます。インフラストラクチャアーキテクトは、最新の技術動向を把握し、将来的なニーズを予測しながら、スケーラブルで信頼性の高いシステムを提供する責任を持ちます。

企業のIT基盤の設計や構築、システムの最適化、セキュリティ対策の強化などを担当します。また、大規模データセンターの管理、クラウドサービスの導入運用、ネットワークの設計改善などにおいても重要な役割を果たします。さらに、新しい技術の導入とそれに伴う業務プロセスの改善にもスキルを発揮します。

本章のまとめ

　本章ではITアーキテクトの定義とその役割およびスキル、またITアーキテクトの種類とそれぞれの特徴、他のITプロフェッションとの違いについて全体像を概観しました。以降の章でそれぞれのアーキテクトの種類について詳しく説明します。

CHAPTER 03

ソフトウェア
アーキテクト

〉〉〉 本章の概要

『Fundamentals of IT architecture』(ダニエル・エイケニ
ン他著)の中に「ソフトウェア開発において、珍しく100パーセン
ト確実に言えることは、物事が変わっていくということ」という記
述があります。

ソフトウェアへのニーズは世の中やビジネスの変化とともに変
わり、それを実現するためのIT技術についても次々と新しいもの
が利用可能になっていきます。変化の激しい環境の中で、求めら
れる機能や性能を提供し続けるソフトウェア。その成否はソフト
ウェアアーキテクトの腕にかかっていると言っても過言ではあり
ません。

本章では、そんなソフトウェアアーキテクトの役割を、ソフトウェ
ア開発の流れも踏まえながら紐解いていきたいと思います。

ソフトウェアとは

皆さんは「ソフトウェア」と聞いて何を思い浮かべるでしょうか。

身近なところで、スマートフォンのアプリを想像される方も多いのではないでしょうか。また、パソコンなどの機械との対比で「目には見えないデータ」といったイメージを持たれる方もいらっしゃるかもしれません。

筆者の手元のメリアム・ウェブスター辞典では、「ハードウェアとともに利用される、またはハードウェアと関係を持ち、通常ハードウェアと対をなすもの。主にコンピューターシステムに関連するプログラム群」として説明されています。一方でハードウェアは、「特定の目的を果たすために使われる本体（major items）」とされ、例として「車やコンピュータにおける物理的な構成要素（電気・電子機器など）」が挙げられています。

これらの定義では、ハードウェアによる目的達成を、プログラムとして補完する位置付けであることが念頭に置かれていますが、現在の私たちの生活を見渡してみると、今やソフトウェアが主役でハードウェアがサポート役のように思えるケースが珍しくありません。

たとえば、「移動」を主な目的とする自動車では、その目的を達成するための「走る、曲がる、止まる」といった基本的な機能を、従来よりエンジン、ステアリング、ブレーキなどのハードウェアで実現しています。一方で、自動車メーカー各社は、社会の変化や市場のニーズに応え、利便性、安全性、燃費性能などを高めていくためのさまざまな機能をソフトウェアによって実現してきており、今やソフトウェアなしには自動車という製品が成り立たなくなっています。基本的なハードウェアの制御に関してもソフトウェアの高性能化が図られていますし、昨今では、車同士が通信をしたり、自動運転を可能としたりするような付加価値の提供に関しても、ソフトウェアが活躍の場を拡げています。

自動車に組み込まれているソフトウェアプログラムの平均行数は、2000年には100万行であったものが2015年には約1億行まで増加しており、2025年には約6億行にまで増加する見込みだといわれています。

その役割の広さや受けられる恩恵の大きさにおいて、ソフトウェアが主役の座を奪っているといっても過言ではないでしょう。

　このように私たちの生活を支え、豊かにし続けてくれているソフトウェア。通常はハードウェアと違って姿を見ることができない存在ですが、時と場合に応じて、その姿を適切に描いて見せる必要が出てきます。ソフトウェアアーキテクトの腕の見せ所です。

ソフトウェア開発の流れ

　ソフトウェアアーキテクトの説明に入る前に、まずは、ソフトウェアがどのように作られていくのかを見ていきましょう。

　CHAPTER 05で紹介するソリューションアーキテクトが描く「ソリューション」を、実際に機能するソフトウェアを中心とした「システム」に仕立て上げていく開発プロジェクトにおいては、設計から開発までのさまざまな工程を、関連する各技術領域の専門知識を持ったメンバーが、チームとして協業しながら実行していくことになります。

　ここでは、システム開発プロジェクトの一般的な工程を追いながら、その中心を担うソフトウェアがどのように開発されていくのかを見ていきたいと思います。企業や団体によって工程の名称や内容が異なっていたり、そもそも厳密な工程管理を行わずに徐々にシステムを拡充させていくアジャイル開発が採用されたりすることもありますが、本章ではデジタル庁発行の「デジタル・ガバメント推進標準ガイドライン」でも参照されている、一般的なウォーターフォール型のシステム開発に照らし合わせて説明していきます（アジャイル開発については、CHAPTER 08で詳しく説明します）。

🔹 何のためにシステムを開発するのかを決める　〜要件定義〜

　システム開発の目的・目標を果たすため、開発の対象となる業務や製品の範囲・内容を明確化し、当システムが備えるべき機能や性質を明確化していく工程です。企業によるシステム開発であれば、企業の収益向上やコスト削減、顧客満足度の向上につながるシステム開発の目的を、どの業務を対象として、どのような機能をもって実現するのか、業務に携わる関係者を中心に定義していきます。

🔹 システムの外観をデザインする　〜基本設計〜

　定められた要件を実現するために、当システムで実装されるべき機能や性質を具体化していく工程です。システムの機能を洗い出し、処理の流れ、必要なデータ、ユーザーが利用する画面のレイアウト、およびこれらの機能の配置などを、開発を担当するIT関係者が、業務関係者の理解できる言葉で設計書に表していきます。

システムを利用することになる業務関係者は、作成された基本設計書によりシステムの仕様を理解し、必要に応じて設計の見直しを要求することで、より要件に適合した設計となっていきます。

システムの外側に位置する業務関係者から見たシステムの構造が表されるため、この工程は「外部設計」と呼ばれることもあります。

🧊 システムの内部構造をデザインする　～詳細設計～

基本設計で決定されたシステムの仕様を、この後の工程でエンジニアやプログラマーが実装できるようにするため、内部処理仕様や設定値などの詳細に落とし込み、技術的な用語やモデリングの記法を用いて記述していきます。

システムの内部構造を明らかにしていくことになるため、この工程は「内部設計」と呼ばれることもあります。

🧊 プログラミングを行いその動作を確認する　～実装・単体テスト～

詳細設計に基づき、ソフトウェアおよびそれが稼働するインフラストラクチャを開発します。ソフトウェアについては、プログラミング言語を利用してプログラムを書いていきます。工程として「コーディング」や「プログラミング」と呼ばれることもあります。インフラストラクチャについては、調達されたハードウェア製品やソフトウェア製品を導入の上で組み合わせ、設定の調整を行っていきます。

この工程では、実装と並行しながら、実装された各機能が正常に動作することを個別に検証していく「単体テスト」も行われます。

ソフトウェアにおいて、単体テストを通じて不具合を発見し、修正していく作業を「デバッグ」と呼ぶこともあります。

🧊 複数機能を組み合わせて動作を確認する　～結合テスト～

個別に機能することが確認されたソフトウェア群やインフラストラクチャを組み合わせ、機能間の連携が正しく取れることを検証する工程です。基本設計で定義された仕様を満たせているかどうかを確認することが目的となります。

たとえば、あるプログラムで作成されたデータを別のプログラムが受け取って処理を続けるような連携を行った場合に、期待する結果が得られるかどうかを確認します。この際、異なるサーバー同士によるネットワーク上の通信が発生することもあり、インフラストラクチャとしても正しく機能することも求められます。

● システム全体として稼働することを確認する　〜総合テスト〜

　開発されたシステムが全体として正しく機能することを検証する工程です。要件定義で定義された要件を満たせるかどうかを確認することが目的となります。業務上の要件を満たす必要がありますので、業務関係者が実際の業務で利用するものに近いデータを使ってテストが行われます。また、システムの動作の正しさだけでなく、要件定義で定められた使いやすさや応答速度などの品質に関する要件についても検証が行われます。

　「単体テスト」「結合テスト」「総合テスト」の各工程は、開発を担当するIT関係者が中心となって実施されます。

● システム開発の目的をすべて果たしたことを確認する　〜受入テスト〜

　開発されたシステムが実際のユーザーの利用に耐えられるものであるかどうか、業務に従事する関係者を中心に最終的な確認を行っていく工程です。業務関係者が受け入れられる品質かどうかを確認するため、「受入テスト」と呼ばれていますが、他にも「運用テスト」や「移行テスト」と呼ばれることもあります。

　システムの機能や品質のみならず、ユーザー自身がシステムを正しく操作し、運用できるようになるための教育などもこの工程で行われます。

ソフトウェアアーキテクトの役割

　システム開発が企画され、最終的に利用可能となるまでの間に、いくつも
のステップを踏んでいることがおわかりいただけたでしょうか。この中で、い
つどのようにソフトウェアアーキテクトがその役割を果たすのか、見ていきた
いと思います。

　その前に、**「ソフトウェアアーキテクト」という職種やその責務について、
IT業界全体で共通の定義が存在せず、あいまいな部分が生じうる**ということ
を、まずは説明させてください。

　あいまいな部分の1つは、ソリューションアーキテクトとの違い、住み分け
についてです。一般的には、ソリューションアーキテクトは複数のシステム間
のつながりも含めたより大きな全体像を描くのに対し、ソフトウェアアーキテ
クトはソリューションに含まれる特定のソフトウェアのより詳細な構造を描くと
いう関係にあります。しかしながらこの線引きはあいまいで、企業やプロジェ
クトによって、ソリューションアーキテクトとソフトウェアアーキテクトがこれら
の領域を相互にカバーしているケースも数多く存在します。

　もう1つは、アプリケーションデザイナーとの違い、住み分けです。ソフトウェ
アアーキテクトは、よりソフトウェア全体を俯瞰し、そのソフトウェアを必要と
しているビジネスに対する理解をもって、設計に携わるのに対し、アプリケー
ションデザイナーは、ソフトウェアを構成する個別の部品の仕様、たとえば画
面の構成などについて、それを実装するプログラムのコーディングを念頭に
設計していくことになります。この境界線についても、時と場合によって解釈
が異なってきます。

　以上のようにソフトウェアアーキテクトの役割や責務について、厳格な定義
付けが存在しないものの、以降では多くのIT関係者の間で一般的に認識され
ているモデルケースを紹介していきたいと思います。

ソフトウェアアーキテクチャとは

　ソフトウェアの開発には、アーキテクトだけでなく、アプリケーションデザイナーやプログラマーなど、さまざまな職種の技術者が携わります。その役割の違いを理解するためにも、ここで改めて、ソフトウェアアーキテクトの作り出す「ソフトウェアアーキテクチャ」が何であるのか、確認していきましょう。なお、筆者がIT用語の定義を調べる場合、極力、国際標準や用語の起源に近い海外の文献を参照するようにしています。

　システムおよびソフトウェアのアーキテクチャ記述の国際規格である「ISO/IEC/IEEE 42010 Systems and software engineering—Architecture description」において、アーキテクチャは次のように定義されています。

fundamental concepts or properties of a system in its environment embodied in its elements, relationships, and in the principles of its design and evolution

（訳）システムの構成要素、構成要素間の関係性、そしてシステムの設計や進化の指針となる原理原則の中に織り込まれた、対象となるシステムの根幹をなす考え方や特徴のこと

　もう1つ別の定義を見てみましょう。ダニエル・エイケニン他著『Fundamentals of IT architecture』からの抜粋です。

the process of taking the wanted characteristics and functional expectations originating from business and operational requirements and turning them into structured working software that meets those expectations.

（訳）ビジネスやオペレーションの要求に基づく望ましい性質や機能への期待を抽出し、その期待に応えられるよう、構造を持って動くソフトウェアへと仕立て上げるプロセスのこと

　最後に、マーク・リチャード＆ニール・フォード著の『Fundamentals of Software Architecture』からです。

software architecture consists of the structure of the system, combined with architecture characteristics ("-ilities") the system must support, architecture decisions, and finally design principles

（訳）ソフトウェアアーキテクチャとは、システムの構造とそこに組み込まれたシステムが備えるべきアーキテクチャの性質（「○○性」）、アーキテクチャに関する決定、および設計のための原理原則のこと

それぞれ「考え方」「プロセス」「構造」と異なる表現をしており、いかにアーキテクチャを一意に定義することが難しいか、おわかりいただけたでしょうか。一方で、**「構造」「性質」「原理原則」**といった共通するキーワードも含まれています。

要約すると、ソフトウェアの提供する機能や、ソフトウェアによってもたらされる価値を実現するための決定の積み重ね、それを導くための原理原則、結果として導かれたソフトウェアの構造、ということになり、端的には**目的を持ったシステムの構造**といえます。

このソフトウェアによって誰がどのような恩恵を受けられるようにしたいのか。そのためにこのソフトウェアがどのような機能をどのような状況で使えるようにならなければならないのか。今から開発しようとするアーキテクチャが明らかになるまで、これらの問いを繰り返し、具体化を進め、答え続けていくことがアーキテクトの使命といえるかもしれません。

先ほどより「姿の見えない」との表現でソフトウェアやそのアーキテクチャを説明してきましたが、実際の開発プロジェクトでは、数多くの文書やプログラムコードを通じて、関係者がその姿を把握しています。これらの文書やプログラムこそがプロジェクトの成果であり、これらの「成果物」を作成することが、プロジェクトに参画する技術者の主要な活動となります。

● ソフトウェアアーキテクトの成果物

先述した開発工程と、各工程で作成される成果物の観点から、ソフトウェアアーキテクトの役割を明らかにしていきましょう。ここでは、開発工程を後ろから遡りながら、成果物のつながりをたどっていくこととします。

プロジェクトの最終成果物であるソフトウェアは、プログラムコードから生成されます。このプログラムコードは、実装・単体テストの工程で、プログラマーという役割の技術者が作成します。

プログラマーがプログラムを作成する際には、プログラム指示書やプログラム仕様書といった文書の指示に従います。これらの成果物は、アプリケーションデザイナーという役割の技術者が詳細設計工程で作成する詳細設計書の一部です。

詳細設計書はソフトウェアの内部仕様が定義された文書ですが、一方で業務関係者から見たソフトウェアの外観や処理の流れについては、前段の基本設計工程において、基本設計書の中で定義されます。

基本設計書についても、アプリケーションデザイナーが中心となって作成することが一般的ですが、ソフトウェアの全体像を踏まえたソフトウェア部品の構造や配置、他のシステムとの連携などの観点で、ソフトウェアアーキテクトが支援を行います。この基本設計書へのインプットとなっているのが、ソフトウェアアーキテクトの作成する要件定義書です。

以降、ソフトウェアアーキテクトが主役を担う要件定義工程を詳細に見ていきましょう。

基本設計の前工程である要件定義工程において、**開発対象のソフトウェアの目的や機能、品質や性能などを明らかにし、プロジェクトのオーナーである顧客や利用者などの利害関係者＝ステークホルダーとの合意を経て、その大まかな仕様や構造を要件定義書としてまとめていくこと**が、ソフトウェアアーキテクトの重要な役割となります。

いくつか「要件」の例を挙げてみます。

- ユーザーがシステムにログインし、自分のアカウントにアクセスできるようにすること(ユーザー認証)
- ユーザーがデータを入力し、そのデータが正しいかどうかを検証できること（データ入力と検証）

- ユーザーがデータを検索し、特定の条件に基づいて結果をフィルタリングできること（検索とフィルタリング）
- ユーザーがデータを分析し、レポートを作成できること（レポート作成）
- ユーザーがデータをエクスポートし、他のシステムにインポートできること（データのエクスポートとインポート）
- 検索結果が1秒以内に得られること（パフォーマンス）
- 年間の停止時間が5時間以内であること（可用性）
- 5年後に10倍のデータ容量を格納できること（拡張性）
- データの漏洩や不正アクセスなどの脅威から保護されること（セキュリティ）
- ソフトウェアの更新作業のために、月に1時間の停止が可能であること（メンテナンス性）

　ご覧のように、ユーザーの実現したいことが列挙されています。すべての要件を完全に満たせることが理想ではあるのですが、実際の開発においては、開発予算や期間、既存のシステムや周辺システムの環境や構成、企業として守るべき標準やルールなどが「前提条件」や「制約」として存在しているため、各要件に優先順位を付けて対応したり、実現を断念せざるを得ない場合もあります。

　また、複数の要件が相反しており、同時に実現できないケースも生じます。たとえば、上記の「可用性」と「メンテナンス性」は両立が難しい要件の例です。

　ソフトウェアアーキテクトは、要件定義工程において、ステークホルダーとの綿密な議論や調整の下、開発対象となっているソフトウェアで実現されるべき要件を特定し、その実現方法をいくつもの選択肢から絞り込んでいき、最終的なソフトウェアの仕様として、その決定の理由も含めて要件定義書に記述していくことが生業といえます。

　その作業の大半が、**各ステークホルダーのニーズの把握とそのニーズを実現するための方法の検討**、**ステークホルダー間の合意形成**に費やされるといっても過言ではありません。

🔷 事例で見る要件定義の例

　ここで、架空の宅配ピザ店「クレイジー・クラスト」の注文管理システムを例に、ソフトウェアアーキテクトの要件定義工程での作業を追ってみましょう。

　開発対象となる注文管理システムの目的や機能、品質や性能を明らかにするためには、まずステークホルダーを特定する必要があります。

　アーキテクトは、「クレイジー・クラスト」のオーナーであるアントニオさんとの議論を通じ、店長、店舗スタッフ、配達スタッフ、お客様が、このソフトウェアに関係するステークホルダーであることを特定しました。

　次に、これらのステークホルダーからの聞き取りやアンケートなどを通じ、この注文管理システムに対する期待や制約条件などを確認していきます。収集された情報は雑多なものであるため、分析を行い、各ステークホルダーの真のニーズや問題点を抽出の上、優先度や種類によって分類し、整理していきます。この際、ニーズを実現するための機能や品質を対応付けるために表形式のマトリックスを作成します。

　たとえば、「お客様からの注文の確定と同時に調理を始めたい」というニーズが抽出されたとしましょう。このニーズから想定される必要な機能として、「注文確定と同時に注文内容に応じたレシピと作成方法のデータを検索」「検索結果のレシピと作成方法を調理担当の店員に画面で表示」といったものが想定されます。また、品質としては「注文確定から10秒以内に表示」「画面に表示されるフォントサイズは24ポイント以上」といったものが挙げられるでしょう。

　このように、ステークホルダーのニーズを具体的かつ明確に表現していくことで要件定義が進められていきます。ただし、**ステークホルダーの期待するすべての要件を満たすことができるとは限らない**のが要件定義です。

　たとえば、「お客様の注文確定から配達完了までの状況を追跡できるようにしたい」というニーズに対して、オーナーのアントニオさんが「各店舗のスタッフが、店内の端末や配達中のスマートフォンで状況を入力できるようにすること」を要件に挙げたとします。一方、店舗スタッフの作業負担を抑えてオペレーションの効率を上げたい店長は、同じニーズに対して「スタッフが操作を行うことなく状況の追跡を自動で行えること」を要件に挙げる可能性があります。

　また、「注文の状況を確認できるのは正しい権限を持つ店舗スタッフにとどめること」というニーズに対して、セキュリティの観点から、厳格な本人確認やログイン履歴の追跡を求めるアントニオさんと、オペレーション効率の観点から、店舗共有のパスコードのみの入力で確認できるようにしたい店長の間でも、要件の一致がみられません。

　これが先述した複数の相反する要件の実例です。いずれの要件を選択すべきか、アーキテクトはオーナー、店長、スタッフの意見を整理し、議論を通じて結論を導いていきます。

　以上のように要件定義工程では、ステークホルダーのニーズの把握とそのニーズを実現するための方法の検討、ステークホルダー間の合意形成という作業が重要な役割を果たします。ステークホルダーの意見を正しく理解し、より適切な結論を導くために、ソフトウェアアーキテクトが業務に対する一定の知識を持つ必要があることも想像いただけたのではないでしょうか。

　ソフトウェアアーキテクトは、この作業を効率的かつ効果的に進めることで、開発対象のソフトウェアの目的や機能、品質や性能などを明確にし、プロジェクトの成功に貢献します。

01

02

03

ソフトウェアアーキテクト

04

05

06

07

08

09

SECTION-14
ソフトウェアの構造を決めるということ

　さて、先述のアーキテクチャの定義や、アーキテクトの成果物の中でたびたび登場している「構造」について、もう少し詳しく見ていきましょう。

　ソフトウェアの構造を決めるということは、**開発対象のソフトウェアをどのように分割し、それぞれの部分がどのように連携するかを設計すること**です。

　ソフトウェアの構造は、ソフトウェアの品質や性能、メンテナンスや拡張のしやすさなどに大きな影響を与えます。また、一度定義されたソフトウェアの構造は、その後の開発チームやステークホルダーとのコミュニケーションの基礎となります。このため、ソフトウェアアーキテクトは、適切なソフトウェアアーキテクチャを導き、その根拠やメリットを説明できるようにする必要があります。ステークホルダー間の合意事項やアーキテクチャ上の決定を明確にし、それらに基づいて構造が定義されることが重要と言われる所以です。

　ソフトウェアアーキテクチャは、開発対象であるソフトウェアの要件や制約を受けて、千差万別の構造を取り得るものですが、システム開発の都度、ゼロからアーキテクチャが検討されることはほとんどなく、過去に他の企業や団体が開発し、成功裏に稼働したことが証明されているアーキテクチャを参照し、同様のアーキテクチャを洗練させていくケースが一般的です。このように参照の対象となる実績あるアーキテクチャは、**リファレンスアーキテクチャ**や**ベストプラクティス**と呼ばれることがあります。

　ここでは、代表的な3つのリファレンスアーキテクチャのパターンを紹介します。

🔷 モノリシック（一枚岩）なアーキテクチャ

　開発対象のソフトウェア全体をひとかたまりの単位とするアーキテクチャです。一枚の塊状の岩を表す「モノリス」（monolith）になぞらえて「モノリシック」（monolithic）と呼ばれています。このアーキテクチャには次のような特長があります。

- 開発や展開がシンプルである
- ソフトウェア全体の一貫性が高い
- システムの規模が小さい場合に性能を高めることができる

一方で、次のような考慮事項もあります。

- システムの規模が大きくなると、開発や展開が複雑になる
- ソフトウェアの一部に変更があると、全体を再度組み立て直したり、全体のテストを行ったりする必要が出てくる
- このため、機能や性能の拡張のコストが高くなりやすい
- ソフトウェアの一部で障害が発生すると、システム全体が影響を受ける可能性がある

● モノリシックなアーキテクチャ

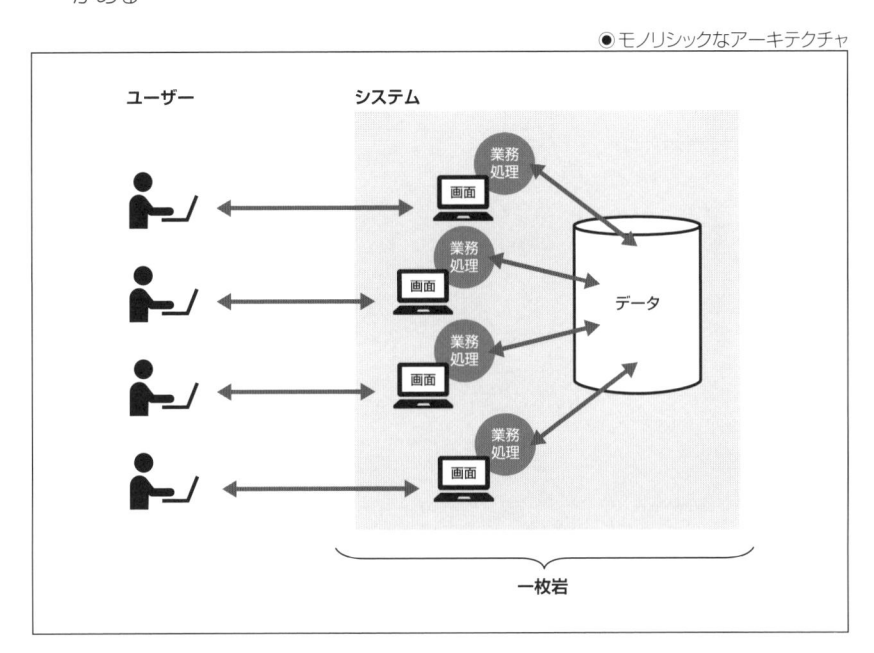

🧊 Web3層構造のアーキテクチャ

Web3層構造のアーキテクチャとは、ユーザー画面を表現するための「プレゼンテーション層」、アプリケーション機能を稼働させるための「ビジネスロジック層」、データへのアクセスを管理/制御するための「データ層」の3つの層にソフトウェアを分割し、それぞれの層を連携させて動作させるアーキテクチャです。このアーキテクチャには次のような特長があります。

- 各層の役割が分離され、ソフトウェアの構造を明確化できる
- 各層の技術や設計を独立させることができる
- モノリシックと比較し、機能や性能の拡張の柔軟性が高い

一方で、次のような考慮事項もあります。

- 層間の通信のためにパフォーマンスの低下が発生しうる
- 開発の進め方によっては、各層間の結び付きが強くなり、開発や展開が複雑化するおそれがある

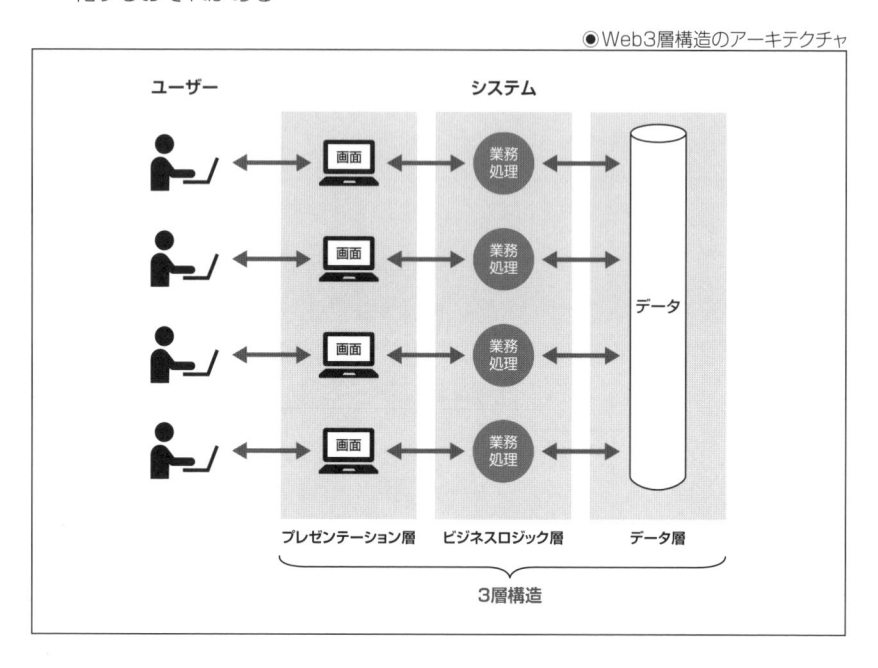

●Web3層構造のアーキテクチャ

🍥 マイクロサービスのアーキテクチャ

マイクロサービスのアーキテクチャとは、ソフトウェアを小さく独立したサービスに分割し、それぞれのサービスを異なる環境で動作させ、ネットワークを介して連携させるアーキテクチャです。このアーキテクチャには次のような特長があります。

- サービスの開発や展開が各サービスの単位で柔軟に行える
- サービスの拡張や変更の影響が局所化でき、システム全体への影響を抑えられる
- 特定のハードウェアや設備に依存させずに運用できるため、サービスの品質や可用性が向上する
- クラウドを中心とした多様な先進技術や設計を採用できる

一方で、次のような考慮事項もあります。

- サービス間の通信や管理が複雑になる
- サービス間の一貫性やトランザクションの確保が困難になる
- 従来のアーキテクチャや開発手法で開発や運用を行う開発チームにとって、新たな技術習得が必要となる

◉マイクロサービスのアーキテクチャ

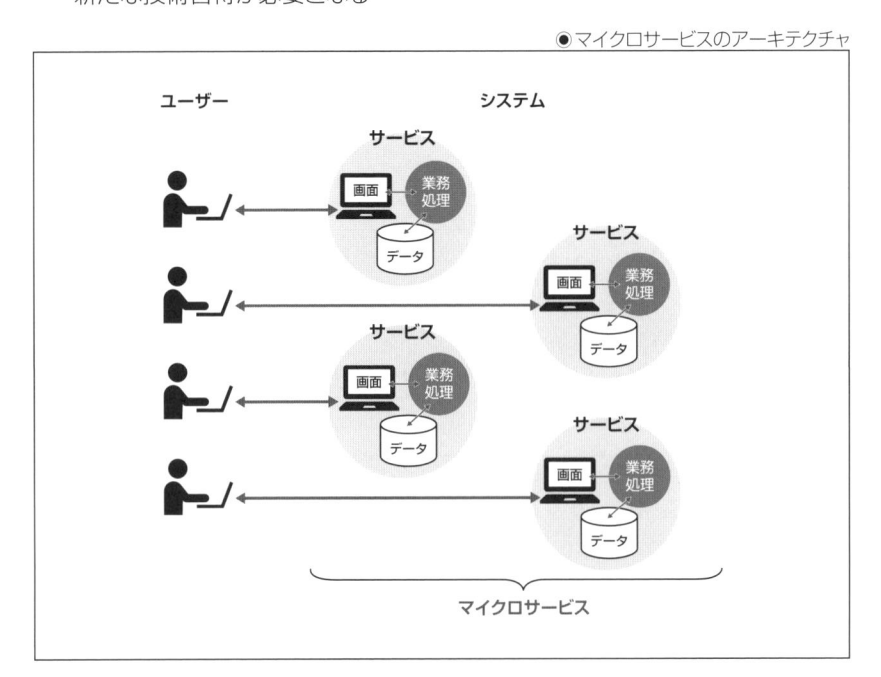

ソフトウェアの構造が、いかに多様で、その選択によりどのような影響が生じるか、ということを想像いただけたでしょうか。ソフトウェアアーキテクトは、**各アーキテクチャの特徴やメリット、デメリットを理解し、開発対象のソフトウェアの目的や要件に応じた最適なアーキテクチャを決定する**という重要な仕事を担っているのです。

SECTION-15
事例で見る事業展開と
ソフトウェアアーキテクチャ

　ここまで、ソフトウェア開発プロジェクトにおけるソフトウェアアーキテクトの仕事や成果物についての一般的な理解を深めてきました。ここからは、ソフトウェアアーキテクトが具体的にどのような判断を行い、ソフトウェアアーキテクチャを作っていくのか、宅配ピザ店「クレイジー・クラスト」の事例を通じて、その実践を見ていきたいと思います。

　これから登場するソフトウェアアーキテクトは、クレイジー・クラストの創業者であるアントニオさんと旧知の仲で、クレイジー・クラストの事業に出資をする共同経営者でもあるため、事業の成功のために最善を尽くしたいと考えています。

　新興企業とはいえ、一企業であるクレイジー・クラストが事業を行うためにシステムに求める機能は、顧客管理、従業員管理、商品管理、店舗管理、配達管理、受発注、収益管理、広報、マーケティングなど、多岐にわたります。これらの機能の中からここでは、「商品管理」「注文管理」「配達管理」「収益管理」の主要業務をサポートするためのシステムに注目して、ソフトウェアアーキテクトの仕事ぶりを見ていきましょう。

🔹 起業前の計画段階

　創業者のアントニオさんが、まだ事業を立ち上げる前に、1人でメニューや店舗レイアウトなどのアイディアを出し、収益の試算を行い、事業計画を作ることを目的としたシステムをまずは考えてみます。この段階では、ユーザー数がアントニオさん1名で、他のユーザーと共有する必要はなく、このためトランザクションの一貫性や性能、可用性に対する要求はほぼないに等しく、正確に計算できること、アントニオさん自身が容易に扱えること、それを最小のコストで実現できることが求められました。また、この時点で「注文管理」と「配達管理」の機能は不要です。

　ソフトウェアアーキテクトは、①専用のソフトウェアを新規に開発する案、②クラウドサービスを利用する案、③表計算ソフトの関数機能を使ったスプレッドシートを利用する案を比較し、アントニオさんとの検討の結果、案③の表計算ソフトを採用することに決めました。

ソフトウェアアーキテクト

01
02
04
05
06
07
08
09

56

　なぜこのような結論に至ったのか、各案のアーキテクチャの特徴とアーキテクトの判断を見ていきましょう。

◆ 案①を採用しなかった理由

　案①の新規ソフトウェア開発を採用しなかった理由は次の通りでした。

　まず、1人のユーザーのためにソフトウェアを開発することは、開発費用や期間の観点で、割に合わないと考えられました。アントニオさんは、できるだけ早く事業を開始したいと考えており、長期間の開発は望んでいません。また、ソフトウェア開発には、プログラミング言語や開発環境などの専門知識が必要となるため、外部のプログラマーを頼る必要がありました。プログラマーに要求を正確に伝えたり、納品物を検証したりすることが重要になりますが、事業計画の作成が急務のアントニオさんにとって、これらの負担は大きいものと考えられました。さらに、ソフトウェアを新たに開発するということは、そのソフトウェアの不具合やそれに対応するための保守のリスクが伴います。不具合が発生すればアントニオさんの事業開始に影響を及ぼす可能性がありますし、保守のためのソフトウェアの更新やバックアップの取得といった作業も必要です。これらの理由から、新規ソフトウェア開発は、コストやスピードの面で、アントニオさんの要求を満たすことができませんでした。

◆ 案②を採用しなかった理由

　案②のクラウドサービスを採用しなかった理由は次の通りです。

　まず、クラウドサービスは、基本的にはインターネットに接続された環境でなければ利用できませんが、この時期のアントニオさんは、インターネットの接続が不安定な場所で作業することもあり、必要なときにクラウドサービスにアクセスできない可能性がありました。また、クラウドサービスでは、アントニオさんにとって機密性の高い事業計画やピザのレシピに関するデータをクラウド上に保存することになりますが、この段階でセキュリティやプライバシーに関する問題を防ぐための専門知識や技術力を投入することは、コストの面で受け入れられるものではありませんでした。

　クラウドサービスの活用により、メニューやレシピの管理など、外部のサービスを活用する恩恵を得られる可能性はありましたが、この時点で事業計画の作成とメニューやレシピを直接連携させるようなリアルタイム性も求められておらず、逆にクラウド利用のためのスキルや操作方法の取得がアントニオさんにとって負担となる可能性もあるため、採用は見送られることになりました。

03

ソフトウェアアーキテクト

◆ 案③が採用された理由

案③の表計算ソフトが採用された理由は次の通りです。

まず、表計算ソフトは、アントニオさんがすでに使い慣れているという点が強みでした。アントニオさんは、使い慣れた表計算ソフトを使って、自分のメニューやレシピのアイディアを記録したり、収益の計算を行ったり、事業計画を作成したりすることができますし、数式や関数により複雑な計算を簡単に行うこともできます。また、表計算ソフトでは、グラフやチャートを使って、データを視覚的に分析することができます。さらに、テンプレートやマクロを使って、作業を効率化することも可能です。これらの機能は、アントニオさんの要求を十分に満たすものでした。

パソコンの上で動作し、データの共有や同期の問題を気にする必要がないこともメリットと考えられました。アントニオさんは、自分のパソコンで表計算ソフトを起動し、すぐにファイルを開くことができます。インターネットに接続する必要はありません。パソコンの保管に気を付ければ、データのセキュリティやプライバシーも確保されます。低価格で入手でき、コストパフォーマンスが高い点も決め手の1つとなりました。

すべての機能を1つのワークブックの中で完結させる③のアーキテクチャは、非常に小さい規模ながらも、データとアプリケーションとプレゼンテーションが一枚岩となっており、モノリシックと呼ぶことができる構造です。

● アーキテクチャ上の決定（起業前の計画段階）

検討領域 Subject Area	事業計画策定アプリケーションのソフトウェア構造	分野 Topic	ソフトウェアアーキテクチャ
決定事項 Architectural Decision	③表計算ソフトの関数機能を使ったスプレッドシートを利用する	# ID	AD001
問題・課題 Issue or Problem Statement	起業前の事業計画策定を効率化するためのアプリケーションのソフトウェア構造を検討する		
前提条件・要件 Assumptions	・ユーザー数が1名で、他のユーザーと共有する必要はなく、トランザクションの一貫性や性能、可用性に対する要求はほぼない ・正確に計算できること、オーナーが容易に扱えること、最小のコストで実現できること		
狙い Motivation	早期にピザ宅配店の事業計画を策定し、出資者からの融資を得て開業できるようにすること		
選択肢 Alternatives	①専用のソフトウェアを新規に開発する ②クラウドサービスを利用する ③表計算ソフトの関数機能を使ったスプレッドシートを利用する		
決定 Decision	③表計算ソフトの関数機能を使ったスプレッドシートを利用する		
理由 Justification	・開発・保守にかかる費用や期間がほとんど発生せず、早期の開業という目的に最もかなっている ・唯一のユーザーであるオーナーが使い慣れており、作業効率が高い ・オーナーのパソコン上でのみ稼働し、機密性が確保される		
効果・影響 Implications	・開発・保守費用が最小化できる ・表計算ソフトウェアで提供される画面や機能では実現できない要件が発生した場合には他のアーキテクチャの検討が必要		
決定により生じる要求事項 Derived requirements	・パソコンと表計算ソフトウェアの購入		
他の決定事項との関連 Related Decisions	・N/A		

🔹 1号店オープン

　さて、アントニオさんの努力と工夫の甲斐もあり、「クレイジー・クラスト」の事業計画は魅力的なものに仕上がり、出資者から融資を得られることになりました。1号店をオープンさせ、日々お客様のピザを作って配達するための「商品管理」「注文管理」「配達管理」「収益管理」の各業務を支えるシステムとは、どのようなものになるでしょうか。

　1店舗とはいえ、開業前とは異なり、システムを利用したり、その影響を受ける関係者は多数存在します。お客様がメニューから注文を選択し、店舗スタッフがピザを作り、配達スタッフがお客様の自宅まで配達し、支払いを受け、日々の売上として計上するまでの業務全体を管理し、サポートする必要が出てきます。

　オープン当初の段階では、お客様のピザの注文が正しく調理・配達され、お客様の希望の決済方法に対応し、間違いなく収益管理が行えることが最優先の要件として特定されました。インターネットを通じたオンラインでの注文を受け付けることで売上が伸びる可能性はありましたが、まずは近隣のお客様に対する知名度を上げること、ファンになってもらうことを重視し、オンライン注文の要件を実現することは見送られました。

　最初にソフトウェアアーキテクトは、開業前に使っていた表計算ソフトのみで今回のシステム化の要件が実現できるか、検討してみました。残念ながら、注文の受付や商品の管理、配達のスケジュールやルートの決定、決済の方法や履歴の記録、収益の計算や分析など、店舗の運営に必要な業務を効率的に行えないことは明白でした。たとえば表計算ソフトを使うために、パソコンやタブレットでキーボードを利用して入力する必要がありますが、これは店舗スタッフにとって操作性が悪く、オペレーション効率が低下してしまいます。紙でやり取りして最後にまとめてパソコンで入力するという方法も、非効率であるばかりか、入力ミスのおそれがあります。

　検討の結果、注文の受け付けから調理、配達、決済、収益管理までを一貫性を保って効率的に遂行・管理するためには、専用のソフトウェアを開発する必要があるとの結論に至りました。ソフトウェアアーキテクトは、このシステムに求められる要件を改めて整理してみました。

　当システムを直接利用するユーザーはアントニオさん、店長、店舗スタッフのみで、お客様がログインすることはありません。同時アクセスユーザーは数名規模で、高い性能は求められませんが、店舗スタッフが効率的に業務に臨めるよう、操作性が重視されます。具体的には、タッチパネルやバーコードリーダーなどのハードウェアとも連携して、店舗スタッフが簡単に操作できるようにする必要があります。

　可用性の観点では、営業時間帯にシステムが停止すると、売上に多大な影響が生じるため、障害にも耐えられるような構成とし、営業時間帯は常時稼働している必要があります。

　一度システムが稼働し始めたら、新機能を追加する要件は当面ないため、高いメンテナンス性は求められません。ただし、メニュー情報のメンテナンスについては、アントニオさんや店長が随時更新できるよう、更新用の画面が提供される必要があります。

　開業当初のこの段階では予算も少ないため、開発コストやランニングコストを最小化することも重要でした。

　以上の要件に基づき、2つのソフトウェアアーキテクチャの案を比較検討することになりました。①クラウドで提供されるパッケージサービスと独自アプリケーションを組み合わせる案と、②Web3層構造をクラウド上の1台のサーバー内で構築する案の2案です。

　案①に登場する「パッケージサービス」とは、特定の目的や機能に特化したソフトウェアがクラウド上で利用可能となっているサービスです。たとえば、顧客関係管理やオンライン販売など、業務機能を提供するパッケージサービスが挙げられます。パッケージサービスを利用することで、ソフトウェア開発の範囲を最小限にとどめ、開発コストや期間を削減できます。ソフトウェア機能を必要に応じてサービスとして利用できることから、「Software as a Service（SaaS）」と呼ばれることもあります。

　ソフトウェアアーキテクトは、関連するパッケージサービスを調査し、「商品管理」と「注文管理」についてはオンライン販売のパッケージサービスを、「収益管理」については財務/経理・会計のパッケージサービスを利用することとしました。「配達管理」については、業務ニーズを満たせるサービスがなかったため、独自にクラウド上にサーバーを構築し、アプリケーションを開発することとしました。また、このアーキテクチャでは、複数のサービス間のやり取りを連携させる機能も必要となるため、同サーバー上で連携機能も稼働させることとしています。

● 案① パッケージサービスと独自アプリケーションの組み合わせ

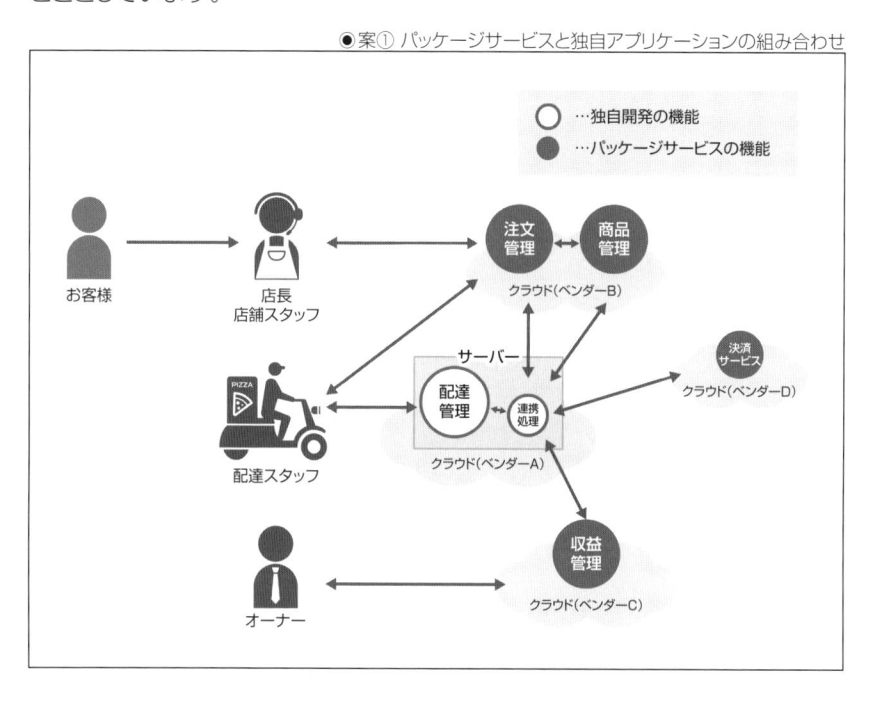

　案②のWeb3層構造では、前述のプレゼンテーション層、ビジネスロジック層、データ層を、コンパクトに1つのサーバー内に配置し、注文受付～収益管理までの全業務フローを、1つのアプリケーションとして完結させるアーキテクチャ案が作成されました。

● 案② Web3層構造をクラウド上の1台のサーバー内で構築

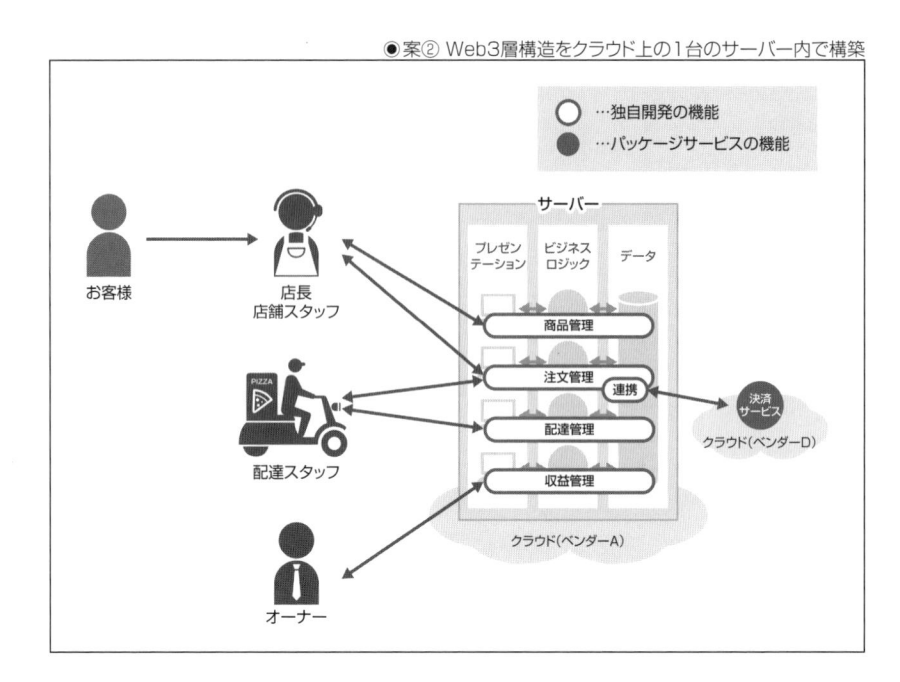

　ソフトウェアアーキテクトは、これらの2つの案を、コスト、性能、信頼性、保守性、操作性の観点で比較検討しました。

　案①のパッケージサービスを組み合わせる構成は、初期の開発コストを抑えることができますが、ランニングコストとして、継続的に利用料がかかります。

　パッケージサービスの特徴として、カスタマイズの自由度が制限されていることが挙げられますが、今回のケースでは、ピザ配達特有の要件を満たしたり、パッケージサービス間を連携させたりするためのアプリケーションを個別に開発する必要があり、結果的にコストが増加することが見込まれました。

　性能に関しては、クラウド上の大規模なインフラストラクチャを活用することで、高い性能や信頼性を発揮できますが、今回のように異なるベンダーから提供される複数のサービスを組み合わせて利用する際には、性能や信頼性が低下するリスクが生じます。

　保守性の観点では、あらかじめ用意された機能を利用するパッケージサービスにおいては、自由に変更や修正を加えることができないため、今後店舗で必要とされるすべての業務ニーズに応えられないリスクがありました。パッケージサービスのバージョンや仕様変更により、システムの機能や動作に影響が出ることも懸念の1つでした。

　操作性に関しては、パッケージサービスから提供される画面やインターフェースに左右されることは否めません。いくつかのパッケージサービスを比較し、操作性の高いパッケージサービスを選択することで要件を満たす方針としました。

　案②のWeb3層構造では、クラウド上のサーバーを利用することで、社内にサーバーを設置したり管理したりするためのコストを抑えることができます。サーバーの性能を抑えることで、より安価に利用できることも開業当初のアントニオさんにとっては魅力的でした。

　初期の開発コストに関しては、すべてのアプリケーションを自身で開発する必要があり、パッケージサービスと比べて高くなります。一方で、月額の利用料はパッケージサービスよりも安価に抑えられることがわかりました。

　性能面では、1台の安価なサーバー上ですべての機能を稼働させるため、パッケージサービスと比べると業務処理の実行に時間がかかることが懸念されました。このため、繁忙期などにはCPUやメモリーを一時的に増加させ、必要な処理能力を確保する方針としました。

　信頼性の観点では、システムの構造がシンプルであるため、障害の発生や影響を抑えることができると考えられました。障害が発生した際も、すべてのアプリケーションは自身の管理下にあるため、回復までの時間を短縮することができます。一方で、データのバックアップやリストアなどの障害の対策については、パッケージサービスとは異なり、自身で実装し、運用する必要があります。営業時間中に停止してはならないという要件があるため、構築したサーバーをクラウド上にバックアップとして保存しておき、障害が発生した際は、マニュアルに従ってリストアし、1時間以内で復旧できるようにすることで、要件を満たせることを確認しました。

　今回は保守性の要件の優先順位は低いものの、自身で開発したシステムであるため、修正や変更の自由度が高く、タイムリーに対応できることはメリットと考えられました。画面やインターフェースを自由に設計し、ニーズに合わせてシステムの操作性を向上させることも可能です。

　以上の通り、2つの案にはそれぞれメリットとデメリットがありますが、ソフトウェアアーキテクトはアントニオさんと議論を重ね、最終的には開業当初で予算や人材が限られていることを重視し、シンプルでコストのかからない案②のWeb3層構造の案を採用することになりました。

● アーキテクチャ上の決定（1号店オープン）

検討領域 Subject Area	1号店の運営をサポートするシステムのソフトウェア構造	分野 Topic	ソフトウェアアーキテクチャ
決定事項 Architectural Decision	②Web3層構造をクラウド上の1台のサーバー内で 構築する	# ID	AD002
問題・課題 Issue or Problem Statement	宅配ピザ店1店舗の「商品管理」「注文管理」「配達管理」「収益管理」の各業務を支えるシステム のソフトウェア構造を検討する		
前提条件・要件 Assumptions	・お客様のピザの注文が正しく調理・配達され、お客様の希望の決済方法に対応し、 　間違いなく収益管理が行えること ・同時アクセスユーザーは数名規模で、高い性能は求められないが、操作性は重視すること ・営業時間帯は常時稼働できるようにすること ・オンライン注文は当システムの対象外とする		
狙い Motivation	宅配ピザ店1号店を円滑かつ安定的に運営し、今後の事業拡大の基礎を作ること		
選択肢 Alternatives	①クラウドで提供されるパッケージサービスと独自アプリケーションを組み合わせる ②Web3層構造をクラウド上の1台のサーバー内で構築する ③表計算ソフトの関数機能を使ったスプレッドシートを利用する		
決定 Decision	②Web3層構造をクラウド上の1台のサーバー内で構築する		
理由 Justification	・選択肢③は要求される機能や操作性を満たすことができないため不採用とする ・1店舗向けの小規模システムであることを念頭に、特にコストと操作性を重視し、選択肢②を 　採用する ・コスト：初期開発コストが選択肢①よりも高くなるが、月額の利用料・保守料を含めると② 　　　　　のほうが優位である ・性　能：クラウド上でCPUやメモリーなどを拡張することができ、要件を満たすことができる ・信頼性：シンプルな構成で障害リスクが抑えられ、障害が発生した場合も自社での解決によ 　　　　　り回復時間を短縮化できる ・保守性：自社開発のため修正や変更の自由度が高い ・操作性：画面やインターフェースを自由に設計し、ニーズに合わせてシステムの操作性を向 　　　　　上させることができる		
効果・影響 Implications	・将来のオンライ注文などの機能拡張や、店舗数増加などの規模拡大に際しては、アーキテク チャの見直しを検討する		
決定により生じる要求事項 Derived requirements	・クラウド上でのインフラストラクチャ構築および関連するソフトウェアの開発		
他の決定事項との関連 Related Decisions	・当決定はAD001を更新するものである		

🧱 店舗数の拡大とオンライン注文対応

　クレイジー・クラストの開業から3年が経過しました。アントニオさんの強力なリーダーシップの下、スタッフもモチベーション高く働き、売上は順調に伸び、クレイジー・クラストは地域でも人気のピザ店に成長しました。アントニオさんは、さらなる事業拡大のため、新たな店舗を10店オープンさせるとともに、インターネットやスマートフォンのアプリからのオンライン注文を受け付けるという経営判断を下しました。

　システムに関しても十分な予算を確保し、今後の店舗数の増加や、スマートフォンのアプリの展開に対応できるようにするため、全面的な刷新を図ることとしました。

ソフトウェアアーキテクトは、①既存のWeb3層構造のアーキテクチャを維持しつつ、サーバー数を増加して能力を増強する案と、②マイクロサービスをベースとしてパッケージサービスやクラウドサービスを組み合わせる案を比較検討することとしました。

今回新たに加わった要件は、次の通りです。

- お客様がパソコンのブラウザやスマートフォンのアプリからメニューを選択し、日時と配達先を指定して配達を依頼できること
- 配達先に基づき、注文を受け付ける店舗が自動的に選択され、注文の指示が送られること
- オンライン決済に対応すること
- 全配達スタッフがスマートフォンで配達先までのルートや配達状況の報告ができること
- 配達先までの最適ルートを自動で提示できること
- ピザの品質や配達の状況、売上などを全店舗横断でリアルタイムに確認できるダッシュボードが提供されること
- 不特定多数からのユーザーアクセスにも遅延なく応答できる性能が確保されること
- スマートフォンのアプリのリリースを高頻度（週1回程度）かつサービスを止めることなく実施できること
- 将来の店舗数の拡大の際に、大きなシステム変更をすることなく、能力の増強やデータの拡張ができること
- 24時間365日無停止でサービスを提供できること

◆ 案①の検討

まずは案①のWeb3層構造の拡張について検討します。

既存のWeb3層構造のシステムを今回の新たな要件に対応させるには、各層の機能や能力を拡充する必要があるため、各層についてその具体策を考えました。

- プレゼンテーション層では、専用のサーバーを複数配置し、さらにユーザーからのアクセスを分散するための負荷分散装置を配置することで、パソコンのブラウザやスマートフォンのアプリからの多数のアクセスを受け付けられるようにします。また、配達スタッフ向けの機能として、配達先までの最適ルートを提示できるようにするために、外部の地図サービスとの連携も図れるネットワーク設計としました。ダッシュボードをグラフィカルに表示するためのプレゼンテーション機能も拡充する必要がありました。

- ビジネスロジック層についても、大量の業務処理に対応できるようにするため、専用のサーバーを複数配置します。新しい要件である店舗自動選択機能やオンライン決済機能については、プログラムを新規に開発し、この層に配置します。具体的には、店舗の位置情報や配達エリアの情報を管理するためのプログラムと、クレジットカード会社や決済代行会社と連携するプログラムを開発する必要があります。

- データ層については、店舗数に応じて増加するデータ容量を確保できるようにする他、店舗横断のダッシュボードに必要な分析用のデータウェアハウスを構築するため、大規模なストレージを用意することとします。また、配達スタッフのスマートフォンからの配達状況の報告を受け付けるために、新たなデータベースも構築することになりました。

◉案① 既存Web3層構造でサーバー数を増加して能力を増強

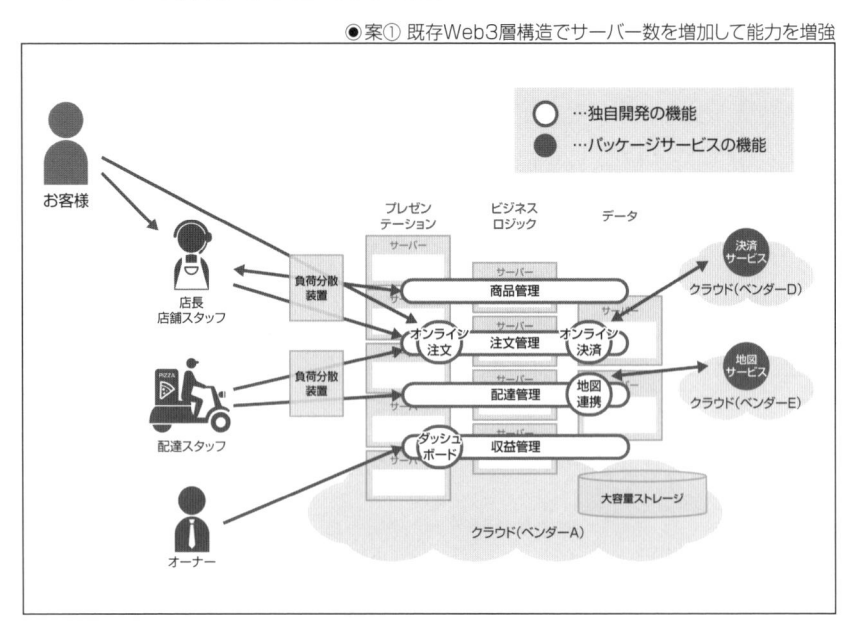

　以上の対応を行うことで、これまで関係者が慣れ親しみ、開発や運用のスキルも有効活用できるWeb3層構造のアーキテクチャを維持しつつ、新たな要件にも対応することができます。

　一方で、次のような課題が生じることもわかりました。

　まず、システムの規模が大きくなることでサーバーの台数が増加し、各層のサーバーの管理や監視が複雑になることが見込まれました。将来、店舗やアプリ利用者数が増加すると、性能や可用性の要件を実現するために、さらにサーバーの台数を増やすことになり、ますます複雑性が増すことになります。サーバー台数の増加に伴うクラウド利用料金の増加や、それらを運用するためのコストが増えることも懸念となりました。

　保守性の観点では、多数の追加要件を盛り込んだ結果、プレゼンテーション層とビジネスロジック層、ビジネスロジック層とデータ層の間でプログラム間が密に連携するようになります。たとえば、ダッシュボードによるデータ分析と表示や、配達ルートの検索と地図の表示などは、3つの層の役割に合わせて機能を分割することが難しく、密な連携が発生する要因となっています。

　このように層間の結びつきが強くなると、プログラムを更新した場合に、都度、各層への影響をテストしなければならず、スマートフォンのアプリのリリースを高頻度で行うという要件への対応が困難となります。また、システムのテストやデバッグが効率的に行えなくなることで、品質や信頼性に影響するリスクもありました。

◆ 案②の検討

　続いて、案②のマイクロサービス中心のアーキテクチャを検討します。

　ソフトウェアアーキテクトは、新システムの適用対象となる業務プロセスや情報の流れを分析し、新システムを次に挙げるサービス（マイクロサービス）に分割することとしました。

- オンライン注文サービス：お客様がパソコンのブラウザやスマートフォンのアプリからメニューを選択し、日時と配達先を指定して配達を依頼できるサービス。パソコンのブラウザやスマートフォンのアプリからの要求を受け付けるため、Webサーバーと画面機能を有する標準的なアプリケーションのひな型（フレームワーク）で構成し、オンライン決済サービスや店舗選択サービスと連携します。

- オンライン決済サービス：お客様がオンラインで支払いを行えるサービス。クレジットカード会社や決済代行会社と連携します。連携方法は、クラウドベースのアプリケーション間連携で標準となっている「REST API」を採用します。
- 店舗選択サービス：配達先に基づいて注文を受け付ける店舗を選択するサービス。店舗の位置情報や配達エリアの情報を管理し、最も近い店舗や負荷の低い店舗を決定します。オンライン決済サービスと同様に、REST APIで他のサービスと連携を行います。
- 配達サービス：配達スタッフがスマートフォンで配達先までのルート確認や配達状況の報告を行えるようにするサービス。外部の地図サービスを利用し、配達先までの最適ルートを提示できるようにします。地図サービスとは、随時位置情報に関するメッセージを交換する必要があるため、メッセージングによる連携方法を採用します。
- ダッシュボードサービス：全店舗を横断してピザの品質や配達の状況、売上などがリアルタイムで確認できるダッシュボードを提供するサービス。大量のデータやリアルタイムのデータを即時処理することに適したデータ処理技術を利用し、各サービスからのデータを集約・分析・可視化できるようにします。また、ダッシュボード画面を表示するために、オンライン注文サービスと同様のWebサーバーとフレームワークを利用します。

　また、基幹業務を支える「商品管理」「注文管理」「収益管理」に関しては、3年前に検討した各パッケージサービスを採用することとしました。すでに必要な機能や操作性を満たす点は3年前に確認されていましたが、マイクロサービスとパッケージサービスの組み合わせにより、クラウド上でサーバーを構築・運用する必要がなくなる点と、いずれのパッケージサービスも「REST API」によるデータの受け渡しをサポートするようになっており、上記の各マイクロサービスと容易に連携可能である点が選定の理由となりました。

　なお、「配達管理」の機能に関しては、マイクロサービスとして開発される「配達サービス」に包含することとしています。

● 案② マイクロサービス中心

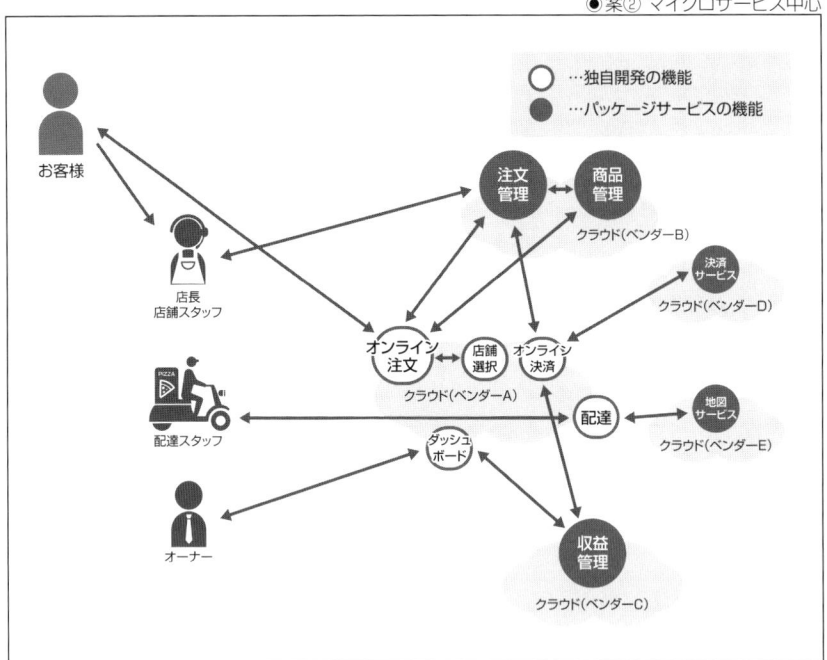

　以上のマイクロサービスの構成により、新たな要件に対応することができます。この構成を採用することにより、次のようなメリットが得られることがわかりました。

　まず、各サービスを個別に開発、リリース、運用できるため、開発チーム全体の生産性や効率が向上します。これらの作業を自動化するためのさまざまな技術も利用可能です。各サービスの特性に応じた最適な技術を個別に選択できることも利点といえます。

　また、各サービスが小規模でシンプルな構成になっているため、テストの効率も高くなります。同様の理由から、障害や変更の影響を局所化でき、品質や信頼性が高まります。

　サービスの単位で性能のチューニングや環境の整備を行うことができ、将来の店舗数や利用者数の増加応じて、柔軟にシステムの性能や可用性を向上させることが可能です。

　これらのサービス同士は緊密に結び付くことはなく、サービス間の連携手段（インターフェース）が明確に定義されていることから、各サービスの変更が柔軟に行えます。たとえば、オンライン注文サービスを更新する場合、その更新が他のサービスに影響を与えることがありません。このマイクロサービスの特性により、スマートフォンのアプリのリリースを高頻度で行う要件も達成できるようになります。

　しかし、マイクロサービスにも次のような課題があります。

　システムが複数の細かなサービスに分割されるため、サービス間の通信や相互作用が複雑になります。また、サービス間の整合性や一貫性を保つために、複数のサービス間の処理やデータを同期させるなどの仕組みを開発する必要があります。

　運用の観点では、システム全体を把握することの難易度が上がります。たとえば、システム全体のパフォーマンスやセキュリティを確保するためには、すべてのサービスとやり取りを行い、それを可視化するようなツールが必要になります。また、各サービスのバージョンや依存関係を管理するための構成管理などの仕組みも用意する必要があります。

　保守の観点では、各サービスを開発・運用するチーム間のコミュニケーションや協調がより重要となります。場合によっては、チーム間のコミュニケーションをサポートするツールやプロセスの導入が必要となる可能性もありました。

　以上のように、それぞれの案にメリットやデメリットがあるため、ソフトウェアアーキテクトは、クレイジー・クラストのビジネス戦略やニーズ、予算に対して各案がどのように対応できるかを評価し、判断を下す必要がありました。

◆ 案①と案②の比較と最終的な決断

　案①では、システムの移行や変更のコストやリスクを低く抑えることができる一方で、将来システムの規模や複雑さが増すにつれて、性能や可用性、柔軟性や品質などの面で問題が発生する恐れがあります。また、将来の店舗数の拡大やスマートフォンのアプリの変更に迅速に対応できるかどうかも確実ではありません。

　案②は、システムの性能や可用性、柔軟性や品質などの面で優位性があり、技術面でも将来性が認められる一方で、システムの移行や変更のコストとリスクは上がります。また、システム全体の設計や管理、チームのコミュニケーションや協調などの面で、高いスキルや経験が求められます。

　ソフトウェアアーキテクトは、アントニオさんをはじめとしたステークホルダーとさまざまな議論を重ね、今回のシステム開発では、長期的なビジネスの成長に伴う拡張性やアプリケーションのリリース頻度を最も重視することを再確認し、最終的に案②のマイクロサービスを選択する決断をしました。

●アーキテクチャ上の決定（事業拡大への対応）

検討領域 Subject Area	事業拡大に対応するシステムのソフトウェア構造	分野 Topic	ソフトウェアアーキテクチャ
決定事項 Architectural Decision	②マイクロサービスをベースとしてパッケージサービスやクラウドサービスを組み合わせる	# ID	AD003
問題・課題 Issue or Problem Statement	宅配ピザ店の店舗数の拡大（10店舗）とオンライン注文に対応する「商品管理」「注文管理」「配達管理」「収益管理」の各業務システムのソフトウェア構造を検討する		
前提条件・要件 Assumptions	・お客様からのオンライン注文／オンライン決済に対応すること ・注文受付後、店舗の選定や各スタッフの業務が開始され、適切に宛先に配達されるようにすること ・全店舗横断で配達の状況や売上などがリアルタイムで確認できるダッシュボードが提供されること ・不特定多数からのアクセスに遅延なく応答し、24時間365日無停止でサービスを提供できること ・将来の機能拡張や店舗拡大に備え拡張性を確保すること		
狙い Motivation	お客様や市場のニーズにタイムリーに対応できる迅速性と、さらなる事業拡大に備える拡張性		
選択肢 Alternatives	①既存のWeb3層構造のアーキテクチャを維持しつつ、サーバー数を増加して能力を増強する ②マイクロサービスをベースとしてパッケージサービスやクラウドサービスを組み合わせる		
決定 Decision	②マイクロサービスをベースとしてパッケージサービスやクラウドサービスを組み合わせる		
理由 Justification	・長期的なビジネスの成長に伴う拡張性やアプリケーションのリリース頻度に最も適した選択肢②を採用する 　・コスト：選択肢①では規模拡大に対応するためのサーバー台数が急増し、クラウド利用料が増加するとともに、システムの複雑化に伴う運用費用の増加が見込まれるが、②では各サービスの稼働時間分のみの利用料となり、コストを抑えられる 　・性能：サービスの単位でチューニングできるため、システムの性能や可用性を柔軟に向上させられる 　・信頼性：各サービスが小規模でシンプルな構成になっているため、障害や変更の影響を局所化でき信頼性が向上する 　・保守性：各サービスを個別に開発、リリース、運用できるため、機能拡張の要求に対してタイムリーに対応できる		
効果・影響 Implications	・サービス間の整合性や一貫性を保つために、複数のサービス間の処理やデータを同期させるなどの仕組みを開発する必要がある ・運用観点で、システム全体を把握するためのツールの導入を検討する		
決定により生じる要求事項 Derived requirements	・マイクロサービスの開発に対応できるシステム開発会社および各パッケージサービス提供会社との協業に基づくソフトウェアの開発		
他の決定事項との関連 Related Decisions	・当決定はAD001およびAD002を更新するものである		

71

　新システムの稼働開始から5年が経ちました。新たなお客様サービスをアプリを通じて次々と配信し、認知度を高めながら、オンライン注文の売上を着実に伸ばしたクレイジー・クラストは、今では国内に50店舗を抱える業界でも有力な宅配ピザチェーンへと発展しました。

　宅配ピザ業界の動向やクレイジー・クラスト自身のビジネス戦略、ITの新技術など、この5年間でさまざまな環境の変化が生じ、それに応じてシステムもアップデートや改修を重ねてきましたが、ソフトウェアアーキテクトの作成したマイクロサービスのアーキテクチャはその根幹として揺らぐことなく、クレイジー・クラストの業績を支えています。

本章のまとめ

　本章では、ソフトウェア開発の流れや、ピザ宅配店の事例を通じて、ソフトウェアアーキテクトの仕事や成果について紹介してきました。

　姿の見えないソフトウェアに形を与え、ステークホルダーの意思決定や開発チームの開発業務をリードするソフトウェアアーキテクトにとって、高度な技術力のみならず、ビジネスやコミュニケーションのスキルが大変重要であることが想像いただけたでしょうか。

　エンドユーザーと直接の接点を持つソフトウェアに責任を負うソフトウェアアーキテクトには、高い専門性と責任が求められます。その分、自分のデザインしたアーキテクチャが稼働するソフトウェアとして実装され、ユーザーの期待に応えられたときの喜びはひとしおです。

　冒頭で引用したように、無事、稼働を開始したソフトウェアはその後、さまざまな環境の変化にさらされることになります。常にビジネスのニーズや新しい技術にアンテナを張り、変化への対応をリードしていくことも、ソフトウェアアーキテクトの醍醐味と言えるでしょう。

　本章の内容が、読者の皆様にとって、ソフトウェアアーキテクトという仕事に興味を持ったり、スキルアップを目指したりするきっかけとなれば幸いです。

CHAPTER
04
インフラストラクチャ
アーキテクト

▶▶▶ 本章の概要

　本章では、インフラストラクチャアーキテクトの定義と役割を明らかにした上で、インフラストラクチャアーキテクトに必要な3つの職務を説明します。また、インフラストラクチャアーキテクトが求められる理由や、必要な素養、職務の苦楽といったキャリアのあり方も紹介します。

インフラストラクチャアーキテクト の定義と役割

本書では複数のアーキテクトの種別について説明していますが、それらの中で、インフラストラクチャアーキテクトとはどのような職種を指すでしょうか。

経済産業省の独立行政法人情報処理推進機構（IPA）が策定したITスキル標準（ITSS）[1]の「**職種の概要と達成度指標**」によると、「ビジネスおよびIT上の課題を分析し、システム基盤要件として再構成する。システム属性、仕様を明らかにし、インフラストラクチャアーキテクチャ（システムマネジメント、セキュリティ、ネットワーク、プラットフォームなど）を設計する。設計したアーキテクチャがビジネスおよびIT上の課題に対するソリューションを構成することを確認するとともに、後続の開発、導入が可能であることを確認する」こととあります。

この定義には、インフラストラクチャアーキテクトに必要な3つの職務が含まれており、その内容をブレークダウンすると次のようになります。

1. ビジネスおよびIT上の課題を分析し、システム基盤要件として再構成すること
2. 明らかにしたシステム基盤要件に従い、インフラストラクチャアーキテクチャ（システムマネジメント、セキュリティ、ネットワーク、プラットフォームなど）を設計すること
3. 設計したアーキテクチャがビジネスおよびIT上の課題に対するソリューションを構成することを確認し、後続の開発、導入が可能であることを確認すること

これら3つの職務が具体的に何を意味するのか、順番に説明します。

[1]: https://www.ipa.go.jp/jinzai/skill-standard/plus-it-ui/itss/download_v3_2011.html

要件定義と課題分析

本節では、「**❶ビジネスおよびIT上の課題を分析し、システム基盤要件として再構成する**」ためにインフラストラクチャアーキテクトが行うべき仕事について、要件定義と課題分析の内容を説明します。

🔶 要件定義

前章でも説明した通り、要件定義とはシステム構築プロジェクトを始めるにあたり、その**システムがどのような目的・目標を持ち、それを達成する上で必要なシステムの機能要件・非機能要件が何であるかを定める**作業です。システム構築を行う際、予算、工期、技術的制約、人のコミュニケーションの制約などから、すべての理想を完璧に実現することは現実的にはまず不可能です。数多く存在する制約の中で**その時々に最適なITシステム要件を確定させる**ことがインフラストラクチャアーキテクトに求められます。

具体的なイメージができるよう、システム構築のシナリオに沿ってインフラストラクチャアーキテクトの仕事の流れを説明します。

あなたは、企業のITシステム構築を支援するシステムインテグレーターのインフラストラクチャアーキテクトであり、前章で登場した宅配ピザ店「クレイジー・クラスト」のお客様から新規システム構築の提案依頼を受けた状況であると考えてみてください。お客様からRFP（Request For Proposal、提案依頼書）が提示され、RFPに記載されたシステムに対する要件・要望に回答する形で提案書を提出します。あなたが、プリセールス担当のインフラストラクチャアーキテクトである場合は、RFPに記載された要件・要望を読み解き、それを満たすシステム基盤の大枠の設計をシステムアーキテクチャの全体像がわかるレベルで行います。多くの場合、RFPには顧客企業がまとめたシステムに対する機能要件・非機能要件が記載されていますが、その粒度はさまざまです。しっかり細部まで記述されていることもあれば、企業の他のITシステム構築で利用した機能・非機能要件を精査せずに転記しているだけの場合もあります。

　RFPに記載された要件だけでは具体的な設計を行うのに詳細が足りない場合には、インフラストラクチャアーキテクトがお客様へのQA（質疑応答）によってより具体的な要件を明らかにします。競合他社とのコンペ＝コンペティションに競い勝ち、お客様に提案が受け入れられた場合は、多くのケースでシステム開発手法の1つであるウォーターフォールモデルを採用してシステム構築を進めます。

　その際に最初に行うことになるのが要件定義です。要件定義の中で、インフラストラクチャアーキテクトであるあなたは、お客様から提供されたRFPや提案時のQAの内容をもとに、契約締結後の段階で明らかになった追加情報を加味して、より具体的な機能要件・非機能要件を定めていくことになります。

🔷 機能要件・非機能要件

　機能要件・非機能要件とは具体的にどういったものかについても触れておきます。

　ITシステムは、Webサイト・バッチ処理・データ管理など、目的に応じてさまざまな種別がありますが、それらのシステムに共通して存在するのがインフラストラクチャ＝システム基盤です。ITシステムが利用者に提供する機能に対する要件がシステム機能要件であり、具体的な検討事項としてWebサイトやネイティブアプリケーションなど利用者が直接操作して業務などで利用するユーザーインターフェイスや、利用者データの持ち方などの要素がありますが、それらのシステム機能以外の要素が非機能要件になります。

　独立行政法人情報処理推進機構（IPA）が定める非機能要求グレード2018[2]によると、非機能要件は次ページの表に記載の通りとなりますが、**ITシステム機能がどのような状態で提供されるべきかを示す質的・量的な評価観点を非機能要件が表している**ということができます。

　この非機能要件をどのような形で満たすことが可能かを検討するのがインフラストラクチャアーキテクトの仕事になりますが、それだけではなく、それらを元にアプリケーションが稼働するサーバー構成や使用するミドルウェアの選定、ITシステムがどこで稼働するか（オンプレミスデータセンターかクラウドか）、ネットワーク構成などITシステム全体のシステム基盤のアーキテクチャを設計することが求められます。

[2]:https://www.ipa.go.jp/archive/digital/iot-en-ci/jyouryuu/hikinou/ent03-b.html

● ITシステムの非機能要件

大項目	中項目
可用性	継続性
	耐障害性
	災害対策
	回復性
性能・拡張性	業務処理量
	性能目標値
	リソース拡張性
	性能品質保証
運用・保守性	通常運用
	保守運用
	障害時運用
	運用環境
	サポート体制
	その他の運用管理方針
移行性	移行時期
	移行方式
	移行対象（機器）
	移行対象（データ）
	移行計画
セキュリティ	前提条件・制約条件
	セキュリティリスク分析
	セキュリティ診断
	セキュリティリスク管理
	アクセス・利用制限
	データの秘匿
	不正追跡・監視
	ネットワーク対策
	マルウェア対策
	Web対策
	セキュリティインシデント対応/復旧
システム環境・エコロジー	システム制約/前提条件
	システム特性
	適合規格
	機材設置環境条件
	環境マネージメント

01
02
03

04

イ
ン
フ
ラ
ス
ト
ラ
ク
チ
ャ
ア
ー
キ
テ
ク
ト

05
06
07
08
09

❖ ビジネスとIT上の課題分析

　要件定義を行うにあたり、ITアーキテクトの職務に共通するのがビジネスとIT上の課題分析になります。ITアーキテクトとしてITシステムを技術観点で検討することは当然ですが、技術者の視点にのみ立つのではなく、自身が作ろうとしている**ITシステムがどのように企業のビジネスや社会に貢献できるのかという観点からアプローチする**ことが必要になります。

　たとえば、先述の宅配ピザチェーンのお客様は世界各地に現地子会社を持って世界展開しており、ピザの原材料費の高騰に対して何らかの対処をしたいと考えているケースを想定してみてください。お客様はこれまで世界各地の子会社ごとに材料調達を行っており、会社全体に共通するような調達スキームを持っていませんでした。この課題に対して、子会社ごとの原材料の調達にかかるコストや、どの材料がどの程度の割合で仕入れられているのかといった売買のデータを世界各地から収集して、一元的に同じ指標で横串の分析をすることができると課題に対する打ち手が見えてきます。たとえば、特定の子会社では同じ商品メニューを製造するのに原材料費が割高になっているから、原材料の代替品への切り替えや、他の拠点とサプライヤーを統合するアクションを取ることで原価の抑制を行う、といった対応が可能になります。この世界各地の調達データを収集して一元的に分析するということを実現するためにITシステムの力を使うと、データ活用やデータ分析のためのシステムを作ろう、という考え方になります。

　ITシステムの機能要件とは、原材料の調達データに対する分析機能であり、具体的にはデータを可視化するダッシュボードをどういった図表で表現するかといった画面設計の話になるでしょう。また、ITシステムの非機能要件については、世界中からデータを1カ所に収集するときに、データの処理が滞りなく完了できるよう遅延なくデータを転送するためにはどのようなネットワークを構築すれば良いか、ということを考えます。

　このように、ITシステム設計をビジネスや社会への貢献という達成したいゴールから考えていくことは、ITシステム企画の一連の流れの上流の企画立案やコンサルティングでより重要になりますが、ITアーキテクトが技術的な検討を行う際にも、近視眼的にならず最終的に実現したいことが何であるかを意識することは、目的に合ったITシステムを実現する上で非常に大切です。

ITシステムインフラストラクチャの設計

「**2明らかにしたシステム基盤要件に従い、インフラストラクチャアーキテクチャ（システムマネジメント、セキュリティ、ネットワーク、プラットフォームなど）を設計する**」とはどういうことでしょうか。本節では、インフラストラクチャアーキテクトが考慮すべきインフラストラクチャの設計要素について説明します。

🔷 プラットフォーム

一般の利用者として何かのサービスのITシステムを利用する際、そのITシステムがどこで稼働しているかということは通常意識しないでしょうが、ITシステムの設計者としてはアプリケーション設計の論理的なレイヤーから、アプリケーションが稼働するサーバーをどこに配置するかという物理的なレイヤーの設計まで考える必要があります。物理的なレイヤーの設計（＝物理設計）の最たるものがITシステムの稼働する場所と環境＝プラットフォームになります。

◆ オンプレミスとクラウドの選択

ITシステムのクラウド化ということがいわれるようになって久しいですが、ITシステムを稼働するサーバーをどこに持つかという判断にはいろいろな観点が含まれます。オンプレミスの自社データセンターで稼働させる場合は、システムのすべての制御を自身で行うことができるため、**システムに対する裁量を最大限持てる**一方、データセンターのハードウェアの保守といったより広範な責務も追うことになります。

それに対して、次ページの図に示すようにクラウド環境はクラウドプロバイダーが責任共有モデルに従い、IaaS（Infrastructure as a Service）、PaaS（Platform as a Service）、SaaS（Software as a Service）といった形で段階的にメンテナンスを行う範囲を代行するサービスを提供するため、利用者はアプリケーション設計や業務設計などの自身の利益に近い領域の検討により注力することができます。その引き換えにクラウドプロバイダーで障害が発生してITシステムを稼働するためのインフラストラクチャの提供が中断されると、利用者は自身のITシステムの復旧をクラウドプロバイダーの障害復旧に依存することになるため、**ITシステムに対する自身の裁量範囲が限定**されます。

● クラウドサービスの分類と責任共有モデル

	利用者の責任範囲		クラウド事業者の責任範囲
データ	データ	データ	データ
セキュリティ（認証・認可）	セキュリティ（認証・認可）	セキュリティ（認証・認可）	セキュリティ（認証・認可）
アプリケーション	アプリケーション	アプリケーション	アプリケーション
ミドルウェア（DBサーバー等）	ミドルウェア（DBサーバー等）	ミドルウェア（DBサーバー等）	ミドルウェア（DBサーバー等）
OS（仮想サーバー）	OS（仮想サーバー）	OS（仮想サーバー）	OS（仮想サーバー）
仮想ネットワーク	仮想ネットワーク	仮想ネットワーク	仮想ネットワーク
仮想化レイヤー（ハイパーバイザー）	仮想化レイヤー（ハイパーバイザー）	仮想化レイヤー（ハイパーバイザー）	仮想化レイヤー（ハイパーバイザー）
物理サーバー	物理サーバー	物理サーバー	物理サーバー
物理ストレージ	物理ストレージ	物理ストレージ	物理ストレージ
物理ネットワーク	物理ネットワーク	物理ネットワーク	物理ネットワーク
データセンター（場所・電源・冷却 等）	データセンター（場所・電源・冷却 等）	データセンター（場所・電源・冷却 等）	データセンター（場所・電源・冷却 等）
オンプレミス	**IaaS**	**PaaS**	**SaaS**

　インフラストラクチャアーキテクトの仕事の1つとして、近年大きく需要が増えているのがクラウド利用に関するアーキテクチャの設計であり、ITシステムのプラットフォームにクラウド環境を選んだ場合は特に、クラウドプロバイダーが次々にリリースするサービスの新機能を活用して、世の中に価値のあるITシステムをより安価に、より安全に、より堅牢に、より迅速に提供するための知見を提供することが求められています。

◆ クラウドサービスと非機能要件の関係

　IaaS、PaaS、SaaSという用語に触れましたが、プラットフォームという観点では、オンプレミスのデータセンターとクラウドのどちらを選択するかという点に加え、クラウドを選択した場合は、どのレイヤーまでマネージドサービスを利用するかという議論があります。

マネージドサービスとは、クラウドプロバイダーがシステム基盤部分の構築と運用を一定程度代行することで利用者がシステム機能の利用に専念できるサービス提供形態のことです。たとえば、一般的に顧客情報を保存してアプリケーションから参照するためには、インフラストラクチャアーキテクト/エンジニアが次のような作業を行うことで、データベース本来の機能の利用が開始できるようになります。

- データベースソフトウェアを自前でOS（オペレーティングシステム）に導入して構成
- 1つのサーバーが障害で停止した場合もサービスが継続できるよう複数のサーバーでデータベースをクラスター構成として冗長化
- データベースの読み書き性能がアプリケーションの求める水準に足りるようサーバーのリソースを計算

一方、マネージドサービスの場合はすでに構成済みのデータベースが用意されていて、可用性はクラウドプロバイダーによって担保され、データベースの性能は必要に応じて変更可能となっており、利用者がすぐにデータベースの機能を利用開始できるため、サービスの運用負荷が大きく軽減されます。

構成済みのOSが提供されるIaaS、OSやデータベース、負荷分散などアプリケーション開発に必要なシステム基盤がまとめて提供され、開発者がアプリケーション開発に専念できるPaaS、完成されたITシステムがサービスとして提供され、利用者はそのサービスを利用するのみで済むSaaSと、クラウドサービスでは複数の提供形態が存在します。**実現したい目的と要件に応じてそれぞれの利点・欠点を勘案**し、クラウドプロバイダーが提供するサービスを選定して組み合わせること、あるいはオンプレミス環境において自前で可用性、性能要件、運用要件などの非機能要件を満たす形でシステム基盤の土台から設計を行うことは、どちらもインフラストラクチャアーキテクトの仕事であるといえるでしょう。

🔷 モノリシックアーキテクチャとマイクロサービスアーキテクチャ

　モノリシックアーキテクチャとマイクロサービスアーキテクチャの選択にかかる検討と、それに合わせたシステム基盤の設計もインフラストラクチャアーキテクトの担当になります。

　モノリシックアーキテクチャとは、すべてのアプリケーション機能が1つのアプリケーションパッケージにまとめられており、各機能が密結合したものです。マイクロサービスアーキテクチャは各アプリケーション機能が小さなパッケージに分散しており、機能間が疎結合になっています。マイクロサービスアーキテクチャではあらかじめ定められた作法、API（Application Programming Interface）によって機能間のやり取りが行われますが、そのやり取りの作法に則っている限りは、各機能が疎結合なので各機能パッケージの修正や更新を迅速に行うことができます。

　モノリシックアーキテクチャの場合は各機能が密結合になっているため、1つの機能の修正・更新がパッケージ全体に影響することになり、設計変更やテストに時間を要するために迅速な機能変更に支障があることがあります。

　一方、機能間のやり取りが高速で、エラーが起きたときなどの処理の状態の追いやすさという観点では、機能が密結合しているモノリシックアーキテクチャに利点があります。マイクロサービスアーキテクチャの場合は、数多くのパッケージがメッシュのように通信し合うため、サービスのどこで処理に時間がかかっているか、どこで処理がエラーになっているかといった状態がわかりにくいため、分散トレーシングなどの可観測性＝オブザーバビリティを高めるための仕組みが必要になります。

🔷 コンテナオーケストレーションサービスとサービスメッシュ

　マイクロサービスアーキテクチャを採用する場合は、アプリケーション機能をOSレイヤーより上のミドルウェアのレベルでパッケージ化したコンテナや、アプリケーションコードのみを記述することに専念できるサーバーレスサービスなどを複数組み合わせて実装することになりますが、たくさんのコンテナを効率よく制御するためにはコンテナのオーケストレーションサービスを利用することが多くあります。

　また、先述したマイクロサービスアーキテクチャにおけるサービス間の通信を制御し、可観測性を高める仕組みをサービスメッシュと呼びますが、コンテナオーケストレーションサービスとサービスメッシュを組み合わせて利用することも一般的です。

　インフラストラクチャアーキテクトは**コンテナオーケストレーションサービスやサービスメッシュを実現するソフトウェアパッケージの選定や使い方の設計**を行い、ソフトウェアアーキテクトはコンテナやサーバーレスサービス上で稼働するアプリケーションの設計を行うといった役割分担でITシステムの構築作業を進めます。

● ネットワーク

　ネットワークにおけるインフラストラクチャアーキテクトの役割についても説明します。

　ネットワーク設計はインフラストラクチャアーキテクトの中でもネットワークに特化したアーキテクトやエンジニアが担当することが多い分野です。サービスを提供するアプリケーションが稼働するサーバーやコンテナはいずれも何かしらのネットワークに属することでその他のサービスと通信を行い、サービス提供します。このネットワークのキャパシティやネットワーク間の通信経路の設計を行うのがネットワーク設計を担当するインフラストラクチャアーキテクトの職務となります。OSI参照モデルと呼ばれるITシステムの通信機能を7階層の構造に分割した定義がありますが、このモデルの各階層に合わせたネットワーク機器の設計を行います。

　SDN（Software Defined Network、ソフトウェアで定義されたネットワーク）という考え方が広がってしばらく経ちますが、ITシステム間の通信を管理するネットワークスイッチやルーターが通常は専用のハードウェアとして提供されるのに対し、汎用のハードウェア上で、ソフトウェアとして開発されたネットワークアプライアンスを起動して同等の機能を持たせることで、従来よりも柔軟なネットワーク構築を行うことも普及しています。

　クラウド環境上のネットワークもSDNの一種であり、一般的にVPC（Virtual Private Cloud、仮想プライベートクラウド）などと呼ばれる自身のITシステム専用のネットワークを作成し、複数のVPCを相互に接続して通信可能な状態にするといったことも行います。

ネットワーク設計の具体例を挙げると、これまではオンプレミスのデータセンターでシステム基盤を管理してきたが、これからはクラウド環境も合わせて利用していこうと考えたとします。この場合は、オンプレミス環境とクラウド環境間でネットワークを接続してあたかもクラウド環境がオンプレミス環境の延長のように利用できるハイブリッドクラウドと呼ばれる構成を行うことになります。その構成を行うための**ネットワークによる接続経路（ルーティング）や、通信するための回線の冗長化、回線障害時の切り替え方式の検討、通信の遅延（レイテンシー）・速度の考慮、ネットワークの形（トポロジー）といった観点を検討する**のがインフラストラクチャアーキテクトの仕事になります。

🔷 セキュリティ

セキュリティ設計も大きなトピックの1つです。インフラストラクチャアーキテクトとしてセキュリティに特化したアーキテクトやエンジニアも多くいます。

先述の非機能要求グレードのセキュリティの項目にも多くの内容が記されているように、**ITシステムのセキュリティはさまざまな設計観点から対策を行う**必要があります。ITシステムに対しての認証・認可、権限管理、通信・データの暗号化、暗号化に用いる鍵管理、マルウェア対策、OS・ミドルウェア・アプリケーションの脆弱性対策、Web攻撃保護、ファイアウォール、侵入検知、組織ポリシーでの統制、監査ログ取得と、確認しなければいけない観点は多様です。

ITシステムのクラウド利用が進んだことによって、クラウドセキュリティという考え方も生まれてきました。クラウドセキュリティ態勢管理（CSPM、Cloud Security Posture Management）と呼ばれるクラウドインフラストラクチャの設定ミスやコンプライアンス違反を継続的にセキュリティ評価し、誤って重要な機密データを一般公開してしまうといったセキュリティリスクを低減する対策も検討が必要です。

また、セキュリティと合わせて考えたいのは業界基準への対応です。金融機関であればFISC安全対策基準、クレジットカード会社であればPCI DSSといったセキュリティ基準が存在しますが、いずれも業界団体の知見に基づいたベストプラクティスがまとめられたものであり、これらのセキュリティ基準が定められている検討観点に対してセキュリティ設計を行うこともインフラストラクチャアーキテクトの仕事の1つとなります。

　さらに、ネットワークとセキュリティを合わせた考え方も進んでいます。従来のネットワークのセキュリティ対策としては、ファイアウォールやネットワーク侵入検知のために通信の監視と不正侵入の防止を行うIPS（Intrusion Prevention System）／IDS（Intrusion Detection System）を用いた境界型防御の考え方が主流でした。近年では、ネットワーク内部・外部を問わずITシステムへのアクセスはすべて信用しない前提に立って認証の検証、通信の暗号化、アクセス元端末の承認による許可などの多重のチェック機構を用いることを標準化するゼロトラストの考え方に基づいた、SASE（Secure Access Service Edge）によるインターネットを利用したITシステムへのアクセスなども普及しています。

　企業のデータや情報資産には莫大な価値があり、この資産をどうにか入手しようと攻撃者は日夜新しい攻撃手法を考案しています。これらの脅威に対応するため、セキュリティに対する考え方は日進月歩で新しい発想が世に出てきており、業界の動きも早くなっているため、インフラストラクチャアーキテクトがセキュリティに関して担うべき役割は多くなっています。

🧊 システムマネジメント

　インフラストラクチャアーキテクトが考えなければならないシステムマネジメントの設計要素とは何でしょうか。システム管理・運用機能という側面からとらえると、システム監視、ログ収集、バックアップといった日々のシステム運用で行う定常的な管理操作に対する機能の設計になり、ITシステム運用者がどのようにシステム運用を行うかという人の動きに注目すれば、運用体制と役割分担の定義、サービスレベルや運用時間の定義、ITSM（ITサービスマネージメント）による作業フローの定義など、人と作業の流れの設計になります。具体的にシステムマネジメントの設計要素について見ていきましょう。

◆ システム監視

　システム監視とは、稼働しているシステムの状態が正常であることを継続的にモニターすることです。運用者が監視ダッシュボードに待機して常に目でコンソールを追う必要はなく、一定の閾値を超えたらITシステムからアラートが上がるように事前に設定を行います。

　監視対象としては、利用者目線でサービスが利用できることを確認する外形監視（URL監視）、アプリケーションを起動するためのプロセス監視／サービス監視、サーバーのポートに通信できることを確認するポート監視、サーバーが正常に稼働していることを確認する死活監視、異常なエラーが出力されていないことを確認するログ／イベント監視、サーバーのリソース使用率（CPU／メモリ／ストレージ）が逼迫していないことを確認するリソース監視などが代表的です。

　インフラストラクチャアーキテクトはITシステムがサービスインする前にこれらの監視項目を設計します。コンポーネント個別の監視を行うだけではITシステム全体の健全性を担保することはできないため、**システムをフルスタックで監視することが必要**ですが、そのための**監視アーキテクチャを検討するのもインフラストラクチャアーキテクトの仕事**になります。

　たとえば、APM（Application Performance Management）と呼ばれるアプリケーションの応答時間や性能指標を監視するソリューションを用いることで、利用者が感じるITシステムの不調をユーザー目線で監視することができます。

　インフラストラクチャアーキテクトはこうしたソリューションの活用を検討して、サーバーを個別監視する従来の手法だけではカバーされない問題に対処し、ITシステム全体の監視設計を行います。また、クラウドサービスが普及した現在では監視対象も仮想マシン、コンテナ、サーバーレスなど多様なため、いろいろなワークロードを一元的に監視するためのソリューション選定もインフラストラクチャアーキテクトの検討範囲になるでしょう。

　全体の監視アーキテクチャが決定したら、インフラストラクチャエンジニアが、監視カテゴリの決定、各監視カテゴリにおける監視対象の選択、何分の間に何回以上連続で失敗したら／使用率何パーセント以上が何分継続したらといった閾値の決定、アラートが上がった際の通知先の決定などの詳細設計を行います。インフラストラクチャアーキテクトはこれらの設定値のレビューや評価も行います。

　監視設定はサービスイン時に一度行ったらそれで完了ということではなく、ITシステムが稼働する中で運用の状況に合わせて新しい設定を追加したり、不要な通知は抑止したりするなど、運用が効率的に行えるように変更していきます。

◆ ログ管理

　ログ管理とは、ITシステムが出力するログを収集保管し、障害発生時などでのトラブルシューティングで参照したり、年次の監査対応で提出したりするなどの対応のことです。収集するログの種類は、ITシステムへのアクセスを記録する監査ログや、アプリケーションが出力するアプリケーションログ、データベースなどのミドルウェアが出力するログ、OSが出力するシステムログなどになります。

　インフラストラクチャアーキテクトはどのログを収集するかの選択や、収集したログの保管期間、ログの保管場所、場合によってはテキストファイルとして出力されるログのローテート（ファイルが一定サイズに達したら別ファイル名にしてログを切り分ける作業）間隔などの設計を行います。

　先述のPCI DSSのようなセキュリティ基準では、監査ログの履歴を少なくとも12カ月保持すること、といった要件が記載されており、このような要件を満たす必要がある際はインフラストラクチャアーキテクトがそれを読み解いて設計に反映します。

　近年はセキュリティの観点からログの内容分析をリアルタイムで行い、不審な内容があれば運用者に通知するSIEM（Security Information and Event Management）との連携が浸透してきましたが、SIEMにログを連携するために、ログの出力内容のログフィールドを事前に加工して整形するといった検討を行うこともあります。

　また、マイクロサービスアーキテクチャの節でも触れた可観測性（オブザーバビリティ）が重要視されてきており、出力されたログの内容を継続的にモニターすることでITシステム内部の状態をより詳細に測定する考え方が進んでいます。

　ITシステムの健全性を担保するために可観測性を高める取り組みが必要であり、そのために適切なログを収集対象に選択するといったアーキテクチャの考え方を提示することがインフラストラクチャアーキテクトに求められます。

　可観測性に限らず、**より良いITシステムの仕組みを実現するアーキテクチャを検討・考案することはインフラストラクチャアーキテクトに期待される役割の1つ**となります。

◆ データバックアップ・リストア

バックアップとは何を指すでしょうか。ITシステムに障害が発生した際、最終的に守りたいものは利用しているデータです。障害復旧を迅速に完了させることはさることながら、障害復旧後にあるべきデータが欠落していたら利用者のサービス利用に支障があります。

たとえば、あなたが自身の銀行口座にATMで現金を入金した直後にシステム障害が発生したとします。現場の技術者の努力の甲斐あり30分後にコアバンキング機能が復旧したとして、入金した金額が残高に反映されておらず現金が飲み込まれてしまったとしたら、利用者として心穏やかではないでしょう。

実際のITシステムでは2フェーズコミットと呼ばれる仕組みを用いて、入出金のような処理全体で整合性を取る必要があるトランザクションについては、処理が成功したか失敗したかのどちらかの状態になることを保証し、ATMに現金が回収されたが預金残高には反映されていないという中途半端な状況は発生しないようになっています。しかし、2フェーズコミットの仕組みがあったとしても、障害復旧後に障害発生直前の入金記録が失われて口座の金額が不正確であったら利用者としては困るでしょう。

そのような事態にならないように失われた情報をバックアップデータから復元します。目標復旧地点（RPO、Recovery Point Objective）という指標で、障害発生時にITシステムをどの時点の状態まで復旧するかを達成すべき目標として要件定義の際に決定した上で、それを前提にシステム設計を行いますが、障害発生時点のデータまで復旧が必要なのか、毎時の定期バックアップ時点まででよいのか、前日夜間の日次バックアップ時点でよいのかといった目標によりITシステムにかける費用が変わってきます。

障害発生直前のデータの復旧が必要であれば、データベースに対する1つひとつの操作を記録したトランザクションログ／バイナリログが失われないよう保持する／バックアップするか、データベースをクラスター構成にして複数のデータベースのセットの間でリアルタイムにデータを同期しておくかといった手法が必要です。数時間前までのロールバックが許容される場合は、定期的に別のストレージにデータバックアップを行うことで済みます。

SECTION-19 ● ITシステムインフラストラクチャの設計

バックアップからリストア作業を行うときは要件定義で定める目標復旧時間（RTO、Recovery Time Objective）内に復旧します。目標復旧時間はITシステムに障害が起こってから正常な状態に復旧できるまでに許容される最大時間です。巨大なデータベースをバックアップからフルリストアしようとするとトータルで数十分から数時間はかかることがあるため、短時間の目標復旧時間を定める場合はそれを実現可能な設計を行う必要があり、必然的にコストも増加することを意識する必要があります。

インフラストラクチャアーキテクトはこのようなバックアップ頻度やバックアップする対象データの選定、バックアップ先のストレージの選定、バックアップデータのローテート間隔（保持世代数の決定）、バックアップ・リストア方式などの設計を行います。

01
02
03

◆ システムバックアップ・構成管理

先述の観点は業務データをどのように保全するかということでしたが、稼働しているITシステムの構成や設定値をどのように保全するかという観点での考慮も必要です。障害復旧時に、データは復元できたものの、アプリケーションを稼働するサーバー構成が論理的に破損し、導入したミドルウェアが起動しなくなった、設定ファイルが失われてアプリケーションの実行状態がおかしくなった、ということが考えられます。これらのケースに備えるのがシステムバックアップです。

一般的には、汎用ハードウェアの上で複数のOSを仮想マシンとして起動するのがサーバーを稼働させる主流の方法になりますが、安定したサーバーの状態を仮想マシンイメージとして丸々取得するとシステムバックアップになります。コンテナの場合は、完成した状態のコンテナイメージを保管することが同義となります。

近年ではIaC（Infrastructure as Code）の考え方が進み、サーバーの仮想マシンの作成、OSの設定、アプリケーション・ミドルウェアの導入・構成などの同じ作業を人が手順書に従ってその都度繰り返すのではなく、サーバー構成をすべて設定値としてコードで管理することで、省力化と正確性を担保しながら、サーバーの構成管理も行えるようになっています。IaCの実践を徹底することで一からITシステム環境を構成することが容易になったら、システムバックアップの取得が不要になることも考えられます。

04
インフラストラクチャアーキテクト
05
06
07
08
09

◆ 運用体制と役割分担

インフラストラクチャアーキテクトはシステムマネジメントの設計を行う中で、**ITシステムの運用体制や人の役割分担**を定めます。運用体制を図式化するために運用体制図を作成することが一般的ですが、構築しているITシステムのステークホルダーが誰であるかを一覧し、その中で、ITシステムの運用に対する意思決定者が誰であるか、指揮命令系統がどうなっているか、運用を行うチームはいくつあって、それぞれ何に対して責任を持つか、組織外の外部ベンダーなどのサポート問い合わせ先も含めて運用に関わる登場人物がどのような役割と関係性を持っているかを明らかにします。

これらの登場人物の役割分担を整理するのがRACIチャートであり、各作業に対して「Responsible」(実行責任者)、「Accountable」(説明責任者)、「Consulted」(相談先)、「Informed」(報告先)を定義して、プロジェクト関係者全員の共通理解を得ることができます。

◆ サービスレベル目標と運用時間

ITシステムには、そのITシステムがサービス提供においてどのようなサービスレベルの目標を定めるかの基準としてSLO(Service Level Objective)を設定します。サービスレベルとは、利用者に対して期待されるサービスをどの程度提供できているかという利用者の満足度を指します。SLOは利用者の操作に対するエラー率やレイテンシーなどの応答性能、DDoSなどの外部攻撃に対するシステムの堅牢さなど、いろいろな指標(SLI、Service Level Indicator)を用いて設定することが可能です。

サービスに対する顧客満足度の重要な指標はサービスの信頼性であり、多くの場合、サービスの可用性の観点で可用性SLOを定めて、利用者にその目標より少し緩い値をSLA(Service Level Agreement)として提示します。SLAとはSLOが満たされなかった場合の利用者への対応に関する取り決めであり、通常はサービス提供にかかる補償内容を定めます。

仮に、可用性SLAが99%であれば年間で87.6時間停止することが許容されることになり、1カ月あたりでは7.3時間停止することが可能となります。サービス運用においては夜間のサービス停止時間や月次のメンテナンスといった計画停止を行いますが、利用者が計画停止期間中にサービスを利用できないことに不満を感じない範囲であれば、計画停止は可用性SLAの対象には含まれません。

　逆に、24時間稼働することが当然のこととして求められるサービスであれ
ば、月次で一晩計画停止を行えばそれで7.3時間分のエラーバジェット(サー
ビスの信頼性がどの程度損なわれても許容できるかの上限)を使い果たして
しまうことになり、通常稼働中の不意の障害発生は一切許容できなくなるた
め、運用時間と可用性SLAの設定はユーザー満足度を勘案して慎重に行う必
要があります。

　定めた可用性SLO/SLAを達成するために運用者が24時間待機する必要
があるのであれば三交代勤務などを考えることになるため、サービスの重要
度に応じたSLO/SLAを要件定義で設定するのもインフラストラクチャアー
キテクトが考えることの1つになります。

　なお、ITシステムのサービス提供を維持するために必要な運用要員と、利
用者の問い合わせ対応などのためのヘルプデスクは切り離して考えることが
できるため、可用性SLAは99%だがヘルプデスクは平日9時〜17時のみと
いうことはありえて、逆に可用性SLAは95%だが全世界で利用されているの
でヘルプデスクは24時間対応できる必要がある、ということも考えられます。

　このように、インフラストラクチャアーキテクトはサービスの内容に応じた
適切なSLI/SLO/SLAの設定や、可用性SLO/SLAを満たすために障害で
サービスが停止しないための高可用性構成の設計や無停止でメンテナンスを
行う仕組みの検討を行い、システム設計と合わせて運用体制や人手を介さな
い障害復旧の自動化などの運用設計を行う必要があります。

◆ITサービスマネージメント

　ITSM(ITサービスマネージメント)とは、利用者のニーズとビジネス目標を
達成するためにITサービスを効率的かつ円滑に実装、提供、管理するための
手法です。ITIL(Information Technology Infrastructure Library)と呼
ばれるITSMのベストプラクティスを記載したフレームワークが有名です。イ
ンシデント管理、問題管理、変更管理、構成管理、リリース管理、サービスデ
スクなどの項目がITSMの検討範囲になります。

　これらの検討において、主に何かのイベントが発生したときに誰がどのよう
な作法と流れで対応を進めるかの作業フローを定義することになり、運用フ
ロー図を書いて作業の流れを設計します。

インシデント管理を例に挙げると、まず、利用者からITシステムに何か問題があるとサービスデスクに連絡が入ります。インシデント対応チケットが起票され、サービスデスクが起点となってシステムの運用者に通知し、運用者が初期診断と問題の切り分けを行います。問題解決のためにシステムの変更が必要になる場合は運用者から変更要求が行われ、変更管理プロセスの中で責任者による変更承認などがなされます。

変更要求が承認されると、運用者がシステム変更作業を行いますが、このときにリリース管理プロセスに従い、加える変更によるリスクを最小化する形で変更が実施されます。変更がリリースされ運用者によって結果が確認されたら、問い合わせをしてきた利用者に問題が解消されたか確認し、問題なければチケットがクローズされます。インシデント対応の原因になった問題については、別途問題管理プロセスに登録され、原因究明と対応策の検討が進められます。

インフラストラクチャアーキテクトはこうしたITSMの一連の運用フローの設計についても担当しますが、**ITSMは議論を深めると専門性の高いトピックであるため、運用に対する深い知見をもったインフラストラクチャアーキテクトが対応する**のが堅実です。

●インフラストラクチャアーキテクトの領域分類

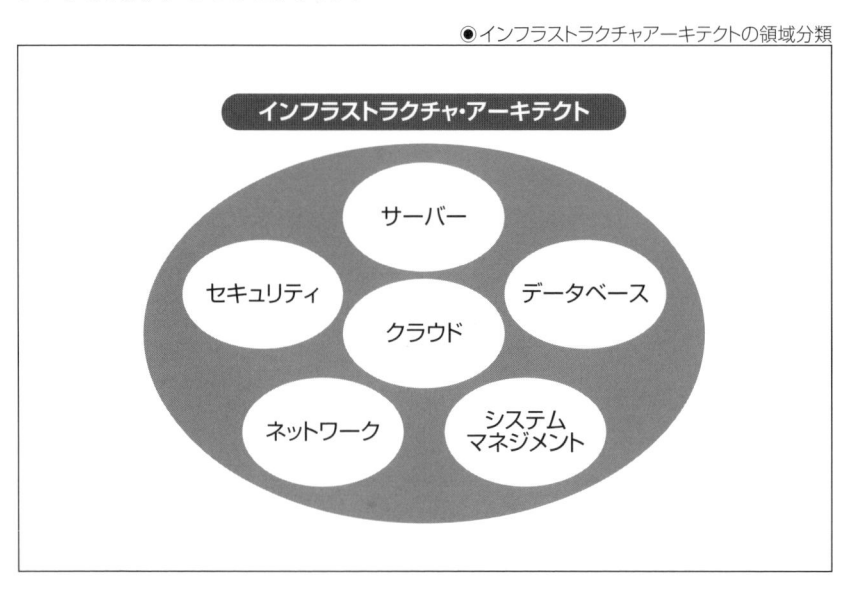

● ITシステムインフラストラクチャの設計のまとめ

　ここまで説明してきた通り、インフラストラクチャアーキテクトはプラットフォームやアーキテクチャの選択、クラウド上のサービスの選択、サーバーの冗長構成や性能設計、コンテナオーケストレーションの設計、ネットワークの設計、セキュリティの設計、システム監視・ログ収集・バックアップの設計、運用体制と運用プロセスの設計と非常に幅広い技術要素に対する見識が求められます。

　ここで挙げた観点以外にも、たとえば、オンプレミス環境で稼働しているITシステムをクラウド環境に移行するためのマイグレーションプロセスの設計や、オンプレミス環境の物理的なサーバーやストレージハードウェアの発注と搬入、設置、接続といった作業にかかる設計、日々のサーバーメンテナンス処理を行うためのジョブ設計、アプリケーション開発環境構築のための開発パイプラインの整備など多様な観点の検討事項があり、奥の深い職務であります。

01
02
03

04

インフラストラクチャアーキテクト

05
06
07
08
09

課題に対するソリューションの確認

　インフラストラクチャアーキテクトに求められる3つ目の役割が、「**❸設計し
たアーキテクチャがビジネスおよびIT上の課題に対するソリューションを
構成することを確認し、後続の開発、導入が可能であることを確認するこ
と**」です。「設計したアーキテクチャがビジネスおよびIT上の課題に対するソ
リューションを構成することを確認」する点については、課題分析の節で触れ
たように、技術のみに近視眼的にならず最終的に実現したいことを意識して
設計を行うことの必要性につながりますが、実現したい目標に対して適材適
所の技術とアーキテクチャを採用することが重要です。

　流行り廃りの速いITトレンドを追っていると、ITアーキテクトとして新しい考
えや技術を用いた設計をしたくなりますが、目的と手段が入れ替わっては本当
に実現したいことは達成できません。新技術に対してアンテナを張り自身で理
解を深めるために検証してみるという習慣は実践すべきですが、実際のプロ
ジェクト現場では、達成したい目的に対する過小な予算や工期の制約、遅延を
リカバリするための現実的でない検討スケジュール、あいまいな要望、硬直し
た組織文化、ステークホルダー間の不十分なコミュニケーションによる情報の
非対称性、課題に対する理解の不一致、未知のものに対する人の抵抗感、法
律や監査要件などの外部要因の制約など、さまざまな要因によって自身が思
い描くベストな形でITシステムを実現できないことのほうが多いでしょう。

　たとえば、世の中では継続的インテグレーション・継続的デリバリー（CI/
CD）というアプリケーション開発の自動化手法による、省力化とサービスのリ
リース頻度を高めて利用者要望に追従し、利用者満足度の向上につなげる考
え方が普及していますが、すべての組織でCI/CDの開発パイプラインが受け
入れられるわけではありません。業界で十分な地位を確立した大企業であれ
ば、Webサイトやモバイルアプリのユーザーインターフェイスが多少古めか
しく、ユーザビリティに欠けるところがあったとしても、自社に取って代わる競
合の脅威がなければサービス開発体制を一新してCI/CDの考え方を採用しよ
うとはなかなかなりません。

　このように、どれだけ素晴らしい考え方に基づいた新技術があったとしても、それを採用する組織のニーズに合致しなければ、仮に導入したとしても真価を発揮できずに宝の持ち腐れとなり、費用対効果が見合わないということになります。

　インフラストラクチャアーキテクトの能力が問われるのは、実現しようとしている**目的に対する実行上の制約の中で、過大でも過小でもない一番適切な解（ソリューション）を用意する**ことができるかという点であり、ITインフラストラクチャに対する広い洞察が求められることはさることながら、それを関係するステークホルダーに正しく伝えて、必要であれば相手を説得するという、**人とのコミュニケーションの比重が大きい**といえます。

　先ほどの例では、CI/CDパイプラインという技術の導入は手段であり、それに見合うビジネス上の理由が必要です。ITシステムの構築はどのようなものにしても多かれ少なかれコストと時間、労力がかかります。アジリティの高いアプリケーション開発ライフサイクルによって顧客満足度を高めることが、それらに見合うだけのビジネスの価値になるのだと意思決定者に考えさせることができて、初めてCI/CDパイプラインの実用上の価値が出てくることになります。

　「設計したアーキテクチャが課題に対するソリューションとなっていることを確認」した後に、「後続の開発、導入が可能であることを確認する」とはどういうことでしょうか。インフラストラクチャアーキテクトの職務は、技術、業界、またはビジネスの専門分野における構築、実装、およびシステム統合からなる技術ソリューションの全体的な成功を担保し、さまざまなビジネス要件に対応して、新しく複雑な高品質のソリューションを顧客に提供することと表現できますが、ITアーキテクトという職種は、技術ソリューションの**"全体的な"成功を担保する**ことに意義があります。

　インフラストラクチャアーキテクトがシステム基盤の全体構成をプリセールスやプロジェクトの最初のフェーズで設計した後に、実際にプロジェクトの構築メンバーがその構想を引き継いでより詳細な設計や構築作業を行います。実際の作業を担当するエンジニアはプロジェクトの途中から参画することもありますが、これらの後続フェーズのメンバーがシステム設計の意図を理解し、同じ方向を向いて構築作業を進めることがプロジェクトの成功につながります。

　そのためには、インフラストラクチャアーキテクトが初期構想を行った後に、分業だからと後続フェーズのメンバーに丁寧な説明なしにプロジェクトを手放してしまうことなく、**サービスインを迎えるときまで何かしらの形で継続して関わり、チームを導く**ことが求められます。

　ITアーキテクトとは単にITシステムの技術的な設計を行うだけではなく、ITシステムを必要とする組織のニーズと制約を汲み取って時々に応じた最適なシステムアーキテクチャを考え、ステークホルダーと対話してビジネス及びIT上の課題を適切に解決するためのソリューションを作り出します。そして、そのソリューションが実際のITシステムとして形になるプロセスの中で、関係するチームのメンバーと自身の構想を共有して計画された目的が確実に達成されるように尽力します。

　これは、インフラストラクチャアーキテクトという職種に限らず、ITアーキテクトという職種全般に通底する考え方になり、**実現可能性評価**という言葉で表現されます。先述の例が構築メンバーに対するサポートの有無ということだとすると、集まった構築メンバーが設計したソリューションを構築するに足るスキルを持ち合わせているか、構築体制のプロジェクトマネジメントは機能しているか、作成物の品質レビューや課題対応は適切に行われているか、依存関係のある設計に対する変更がトラッキング・全体周知されているか、といったプロジェクトを炎上させるリスク要素を最小化し、実現可能性を高めるための取り組みと考えることができます。

インフラストラクチャアーキテクトのあり方

　ここまで、インフラストラクチャアーキテクトの定義と役割について説明しました。インフラストラクチャアーキテクトがどのようなことを職務とするのか大まかなイメージは浮かんだことと思いますが、本節ではインフラストラクチャアーキテクトが今の世の中で求められる理由は何なのか、必要な素養について触れながら、インフラストラクチャアーキテクトを目指す上でのモチベーションについても職務における楽しさや苦労を交えながら紹介します。

　また、インフラストラクチャアーキテクトがどのようなキャリアを築くことができるかについても説明します。

🎁 インフラストラクチャアーキテクトが求められる理由と必要な素養

　近年は、ITシステムの実行基盤としてクラウドインフラストラクチャが採用されることが多くなってきました。ここまでの説明の通り、オンプレミス環境に一からシステム基盤を用意することに比べ、コントロール可能な範囲の縮小と引き換えにクラウドプロバイダーがマネージドサービスとしてサーバー環境の保守の多くを引き受けてくれることは大きなメリットであり、多くの企業がクラウド環境でのITシステムの構築を進めています。

　ITシステムのクラウド化というトレンドにはインフラストラクチャアーキテクトという職種の需要に対する功罪があり、クラウド活用を行う上で日々進化するクラウドサービスをうまく組み合わせて設計するクラウドアーキテクトという新しい専門性が生まれました。

　一方、従来インフラストラクチャアーキテクトが時間を割いて設計していたシステム基盤の多くの領域をクラウドサービスが提供するようになり、インフラストラクチャアーキテクトの必要性が薄れたことも事実です。システム基盤の設計をインフラストラクチャアーキテクトが行い、ソフトウェアアーキテクトがアプリケーション設計を行うという従来の住み分けが崩れ、ソフトウェアアーキテクトやアプリケーション開発者がクラウドサービスを利用してシステム基盤の設計は片手間で行うようにITシステムを構築することも増えてきました。

　本章の筆者を含め、クラウド全盛の時代にインフラストラクチャアーキテクトからクラウドアーキテクトに転向したエンジニアは大勢存在し、これからインフラストラクチャアーキテクトを目指す方は、オンプレミスのデータセンターでのハードウェアの搬入作業など意識せず、インフラストラクチャアーキテクトがクラウドアーキテクトと同義だと捉えていることもあるでしょう。

　ITトレンドの変遷によってアーキテクトに求められる役割は当然変わっていくため、それに追随して**業界の変化に強くあることがキャリアの成功にとって大切**ですが、トレンドの変化に影響されずに変わらず求められる能力もあります。

　ITシステムでは物理層に近くなることをレイヤーが低くなると表現しますが、ITシステムの低レイヤーに対する理解や、セキュリティ・ネットワーク・運用といった専門性の高いシステム基盤領域の知見に対する需要は変わりません。特に、**大規模・複雑・高品質なITシステムを実現しようとすると、必然的にITシステムに対する広範で深い理解が求められる**ようになり、クラウドサービスを活用したとしてもインフラストラクチャアーキテクトの専門性が本質的に他の職種に取って代わられることはありません。

　インフラストラクチャアーキテクトに限らず業界全体のトレンドになりますが、ITシステムに対する技術的な知見だけが世の中に求められているわけではありません。人口減少が進む中でIT人材の供給不足が続く状況がしばらく継続していますが、その中でも中堅・シニアのITアーキテクトに対する需要は高いです。その理由は、技術に対する成熟した知見はさることながら、ステークホルダーと適切なコミュニケーションを取るに足る経験を積んでいるためです。

　先述した通り、ITシステム構築は技術だけわかっていればよいわけではなく、むしろそれを取り巻く人々をいかに巻き込んで合意形成するかというビジネス判断に依るところが大きいため、**技術的な経験に裏打ちされた説得力と安心感のある人材への期待**は年々高まっています。その観点からインフラストラクチャアーキテクトに求められる能力とは、技術的に裏打ちされたITシステム全体に渡る広範なシステム基盤アーキテクチャの設計が可能であり、そのデザインのビジネスや社会に対する価値を関係者が十分理解して賛同できるように平易な言葉でコミュニケーションを取りつつ、一緒にチームを組むエンジニア全員が同じ目的・目標を共有できるようにチームビルドして、人望的にも技術的にもメンバーをリードできることとなります。

これは一朝一夕で身に付く能力ではなく、技術的な知見をひたすら磨くだけでは足らず、実際に多くの現場で場数を踏んで体得し、自身の経験を蓄積した引き出しを増やすことで醸成されてくるものです。

🧊 インフラストラクチャアーキテクトの苦楽

インフラストラクチャアーキテクトとして働くことの苦楽とはどういったものでしょうか。システム基盤の設計を行う職種であることから、サーバー構成の検討や通信の仕組み・ハードウェアへの興味、セキュリティ機構に対する解析など、**ITシステムを下支えする技術要素に対して興味・関心**があり、適性が高い人だと職務に対して楽しさを感じやすいでしょう。

アプリケーションの開発を行うソフトウェアエンジニアは自分で機能やアルゴリズムを新しくコーディングすることに楽しみを見出すでしょうが、インフラストラクチャアーキテクトは世の中に広く存在する既存のソフトウェアパッケージの選定や組み合わせといった目利きに面白さを感じるかもしれません。

インフラストラクチャエンジニアであれば、より特定領域に対する実装の専門性が求められますが、インフラストラクチャアーキテクトは**ITシステム基盤全体を俯瞰する**ことになるため、全体像を見定めることに適性があれば楽しさを感じるでしょう。また、技術観点以外で、ITアーキテクトはステークホルダーやプロジェクトチームとのコミュニケーションが重要であると述べましたが、**相手の関心事やレベルに合わせて物事をかみ砕いて説明する**ことが得意であれば、仕事にやりがいを感じられます。

思い切りの良さも適性の1つに考えられますが、特にインフラストラクチャアーキテクトがシステム基盤の構成を検討する際、選定するソフトウェアパッケージ製品やクラウドサービスの詳細な仕様がわからず、ベンダーへの問い合わせにも制約がある場合が多く、おそらく実現できるであろうという**見切りの感覚**を問われることが多々あります。

ITシステムの構築は、多くの場合これまでに挙げたような種々の制約から不透明な状況の中で色々なことに見切りをつけるバランス感覚が求められます。不透明で不確実性が高いということはそれだけ高いリスクを負っているということになり、大規模なものでは数千万円から数億円以上にもなるシステム構築プロジェクトにおいて、そうしたリスクを抱えた状態を是とすることは合理的でありません。

　無理のない堅実なシステム構築がより多くの組織で行われるべきですが、不確実性の高い状況において少しでも事態を改善するためには、**物事を整理して他者が同意できる理由付けと共に見解を提示して議論を進めていく能力**が重宝するでしょう。

　また、不合理な世の中をより良いものにしていきたいという**改善意識や啓蒙心**があると、人を説得することに対してモチベーションになるかもしれません。

　インフラストラクチャーアーキテクトへの適性や楽しさに対して、その苦労についても触れます。コミュニケーションの必要性については述べた通りですが、それは時に想像以上の根気強さを求めます。筆者の主観に留まりますが、システム基盤の運用は堅実さや確実性、定型化された作業が求められるため、変化を好まない文化と心情が特に大規模システムを扱う組織で根強く存在します。DevOpsという言葉で表されるDev（Development、開発者）とOps（Operations、運用者）の対立から協調への転換の考え方が端的にこれを表現していますが、新しい機能リリースをより高い頻度で行いたい開発者と安定したシステム運用を行いたい運用者という構図がこれに近しくあります。

　ITシステムによってより良い価値を世の中に継続的にもたらすことが組織の目的であるところに、一度、ITシステムが完成したら寝た子を起こすようなことはせず、とにかく安定稼働を第一目標にしようといった考え方は相いれないことがありますが、これらどちらの立場に属していたとしても、考えの異なる相手と合意形成を行うことは想像よりずっと労力のかかるものです。

●ITシステム構築における二軸の協調

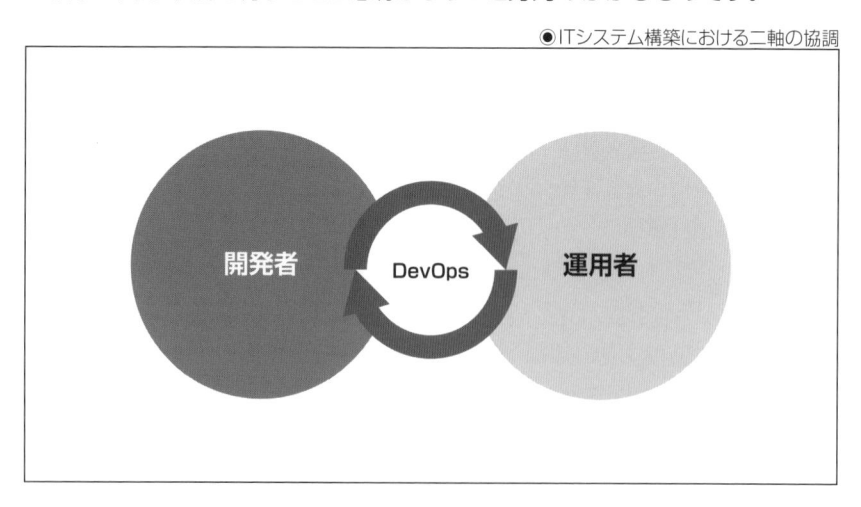

　二軸の対立という観点では、ITシステム構築を請け負うシステムインテグレーターと顧客企業の間のコミュニケーションもそれ以上に骨が折れます。目標は世の中に価値をもたらすITシステムを構築することで一致しているとしても、そこに至る過程においては両者が利益相反することはままあります。契約内容と作業スコープの認識のずれから非合理的な議論が起こり、最終的に現場のエンジニアがそれを巻き取るために心身の健康を損ねるという事例は枚挙にいとまがありません。どのような立場のITアーキテクトであれ、そういった**非合理性を改めるような意識を持ってほしい**と望みます。

　また、異なる観点になりますが、インフラストラクチャアーキテクトは幅広いソフトウェア製品群を組み合わせて設計を行うため、時に難解な技術ドキュメントを日本語・英語両方で読み解いたり、IT業界は流行り廃りが速いため、新しい技術に対する勉学を継続的に行ったりすることが求められます。細かな文章読解や継続的な学習が苦手であると、それらを習慣化するまで苦労を感じる可能性があります。

　総じて見ると、システムの安定稼働という観点からは比較的現状維持の傾向を好むシステム基盤関連職種においても、未知の情報に対する研鑽の要求があり、変化に強い人間性を育むことはインフラストラクチャアーキテクトの長期的な目標の1つであるといえます。

⬢ インフラストラクチャアーキテクトのキャリア

　本章の最後に、インフラストラクチャアーキテクトがIT業界でキャリアを積むにあたり、進むべきパスを提示します。

　本章の筆者自身のキャリアパスを交えて説明すると、インフラストラクチャアーキテクトはまずはインフラストラクチャエンジニアとしての経験を積むことが肝要です。一般に、インフラストラクチャアーキテクトはシステム基盤の全体設計を行えばよく、個別の製品導入についてはインフラストラクチャエンジニアが担当するという住み分けがいわれますが、これは、インフラストラクチャアーキテクトだから個別製品・機能の詳細についてわからなくてよいということではありません。インフラストラクチャアーキテクトも自身が設計するITシステムの中で稼働する製品群については、個々の製品の設定値をパラメーターレベルで理解し、インフラストラクチャエンジニアの作業に対してレビューを行えるだけの知見を持つべきです。

　実際に導入を担当するインフラストラクチャエンジニアの視点になったとき、システムの全体設計を行ったインフラストラクチャアーキテクトがこの製品の詳細はわからないので後はすべて任せた、という態度だったらこの人のリードに付いていこうとは思いません。強いリーダーシップは強い技術的見識によって裏付けられるべきであり、自身がその役割を負えない場合は、ITシステムアーキテクチャの成功を担保できるように別の専門家を頼るなど、**責任感を持ち合わせること**が重要です。

　当然、はじめからあらゆる技術をすべてわかる人間はいないため、わからなければ現場のエンジニアと一緒になって調査するという精神性が必要になりますが、その意味ではまずはインフラストラクチャエンジニアとしての経験を積むことが一番の早道といえます。

　つまり、インフラストラクチャアーキテクトはインフラストラクチャエンジニアがステップアップした姿であるというのが1つの考え方になります。筆者自身、学生時代からインフラ技術で戯れることに楽しさを感じ、自身でオープンソースソフトウェアを使って自宅のWebサーバー・ファイルサーバーを構築したり、スマートフォン用のAndroid OSやLinuxカーネルをソースコードからビルドしたり、出来合いのバイナリパッケージをリバースエンジニアリングするなどしていたことから、就職する際に仕事としていろいろな業務システムの技術に触れてみたいと考えて、インフラストラクチャエンジニアとしてIT業界でキャリアをスタートしました。

　当初はエンジニアとして現場で自身の知らない色々な技術に触れられることが楽しく満足していたのですが、しばらく経験を積むと、上流のインフラストラクチャアーキテクトが行う設計に対して自分だったらこうしたいという気持ちが芽生えてきました。自身の職務により大きな裁量を求めていたこともあり、他の人の設計に思う所があるなら自分で設計してみようと考えたのが、インフラストラクチャアーキテクトに転向したきっかけです。

　当時の経験から逆算して考えたときに、自身が当初からインフラストラクチャアーキテクトであったとしたら、システム個別機能の理解が浅く、頼りないITアーキテクトになっていただろうと感じます。

◆ インフラストラクチャアーキテクトの職種

インフラストラクチャアーキテクトの中にもさまざまな専門があることを説明してきましたが、クラウドサービスが隆盛を極めている時代において、自身のキャリアでクラウドアーキテクトを目標にするのは妥当な選択です。需要が多く将来性もある職種を目標とすることはキャリアの中で有力な選択肢になります。

しかし、クラウドアーキテクトはインフラストラクチャアーキテクトという職種の一分類であることからもわかるように、クラウドサービスはシステム基盤技術の中の一部であり、わかりやすい一面であるともいえます。小規模でフルクラウドのサービス構築のみを行う仕事であれば問題はないでしょうが、エンタープライズ向けの大規模システムのような、オンプレミスのデータセンターで稼働する新旧システムが混在し、ネットワークの経路はいくつも設定されており、道中にはセキュリティ上のアタックサーフェスが複数存在、運用方法も旧来の確立された作法に則る必要があるといった複雑なITシステム環境を扱うのであれば、ITインフラストラクチャ全般を適度な深さで理解しており、特にクラウドについては専門性がある、といったスキルセットを磨くべきでしょう。

もちろん、クラウドアーキテクト以外にもネットワーク、セキュリティ、運用、その他の個別観点ごとの専門性は存在するため、自身が一番モチベーションを感じる領域の職種を目指すのが良い結果につながります。

また、先述の通りクラウドサービスの成長によってアプリケーションとインフラストラクチャの境界は混ざり合いつつあります。インフラストラクチャアーキテクト／インフラストラクチャエンジニアはコーディングに苦手意識がある傾向はあるかもしれませんが、クラウドの時代はIaCなどの考え方の浸透もあり、インフラストラクチャを担当する人間もIaCのコードはさることながら、簡単なアプリケーションやWebページの作成、データ操作などは自身で自由に行えるようにスキルをつけるべきでしょう。

◆ インフラストラクチャアーキテクトの担当フェーズ

インフラストラクチャアーキテクトになる場合は、ITシステム構築のどのフェーズを担当するかという点も検討が必要です。システムインテグレーター所属のインフラストラクチャアーキテクトであれば、要件定義の説明で触れた通り、プリセールスか、契約締結後の構築フェーズでの役割が多くなります。

プリセールス担当のインフラストラクチャアーキテクトは提案チームの一員としてRFPのシステム基盤にかかるアーキテクチャを検討します。すでに触れた通り、プリセールスの段階ではITシステムの構想は不確実性と種々の制約の塊であるため、**不透明な状況の中で一番妥当に思われる設計を行う見切り力**が求められます。

一方、構築フェーズ担当のインフラストラクチャアーキテクトは契約締結後の構築作業において提案段階で構想されたシステム設計に対してより詳細を詰めていきながら、必要に応じて後から判明した情報を加味して設計を具体化させます。契約締結前の提案段階ですべての技術詳細が明らかになっていることが一番よいですが、実際は機密保持の観点から情報が出し渋られたり、顧客企業側の担当者が技術的に明るくないことで、十分な事前情報が開示されなかったりということはよくあります。不確実性を抱えながら開始した契約の中で、プロジェクトリスクを最小化するためにシステム設計の精度を上げていくことが求められます。

また、ITシステムのライフサイクルは構築が完了してサービスインしたら終了ではなく、その後の長い本番運用の中でITシステムが期待された効果を継続的に発揮することで意味を持ちます。ITシステムが実際の利益を生み出すのはサービスが稼働してからであるため、その観点では安定稼働をいかに実現するかという努力はさることながら、運用フェーズにおけるユーザーの要望の取り込みやシステム運用の効率化といった改善は必須です。運用フェーズを含むITシステムのフルライフサイクルを経験していると、より一層優れたインフラストラクチャアーキテクトになることができるでしょう。

●ITシステム構築フェーズのV字モデル

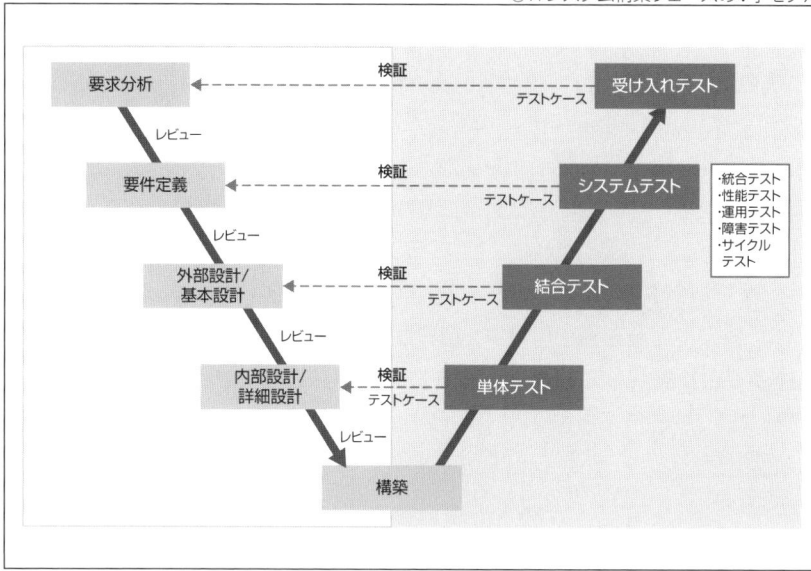

◆ インフラストラクチャアーキテクトの所属組織

　インフラストラクチャアーキテクトが所属するチームの観点では、システムインテグレーターであれば会社規模によっては大口顧客ごとに専用のアカウントチームを持っていることがあります。その場合は特定の顧客のITシステムを専門に担当するインフラストラクチャアーキテクトというポジションもあれば、あるいは、技術専門性によってまとまり、いろいろな顧客のITシステム構築の支援を手広く行うインフラストラクチャアーキテクトもいます。

　システムインテグレーターではなく、事業会社でITシステムを内製している場合は、対顧客という動き方ではなく同じ会社のチームという形で構築を進めます。事業会社の中にもIT部門と業務部門が存在しますが、多くの場合、インフラストラクチャアーキテクトはIT部門に所属して特定システムを担当することになるでしょう。チームが同じであれば先述した会社間のコミュニケーションロスによる効率の低さは軽減されるでしょうし、自社サービスのITシステムライフサイクルに企画立案からEOL（End Of Life）まで一貫して携われる可能性が高くなります。

　一方、同じサービスに関わり続けるということは技術経験に偏りが生じるおそれがあるということでもあり、いろいろな顧客と顔を合わせるシステムインテグレーターに比べると社内の特定の人脈に交流が限定されることも考えられます。また、事業会社でも内製ではなくシステムインテグレーターに外注するタイプの会社のIT部門にインフラストラクチャアーキテクトとして所属する場合は、ITシステム構築への関わり方がシステム企画やいわゆるベンダーコントロールに終始し、ビジネス上のコミュニケーション能力やプロジェクト管理能力は磨かれる一方で技術的な構築経験は限定されるかもしれません。

　いずれの働き方を選ぶにせよ、**自身が一番モチベーションを感じる職種を目指すことが安定して仕事を長続きさせる**秘訣です。意識することは難しいかもしれませんが、自身に適性のある仕事と働き方をすることができれば、自然と苦労を感じずに成果を上げられるようになります。

本章のまとめ

　本章では、インフラストラクチャアーキテクトの定義と役割を明らかにした上で、インフラストラクチャアーキテクトに必要な3つの職務として、課題分析と要件定義、ITシステムインフラストラクチャの設計、課題に対するソリューションの確認について詳細を説明しました。

　また、インフラストラクチャアーキテクトが求められる理由や必要な素養、職務の苦楽といったキャリアのあり方と合わせて、インフラストラクチャアーキテクトのキャリアパス、職種分類、プロジェクトにおける担当フェーズ、所属組織の分類についても紹介しました。

　本書をきっかけに、より多くの人のインフラストラクチャアーキテクトに対する理解が進めば幸いです。

CHAPTER
05

ソリューション
アーキテクト

▶▶▶ 本章の概要

　本章では、ソリューションアーキテクトの役割や業務内容について、具体的なアクティビティや成果物を交えながら説明します。
　ソリューションアーキテクトが最適なソリューションを提案するためにどのようなアプローチをとるのか、ソリューションアーキテクトとして活動する上で大事なポイントはどこか、本章を通じてエッセンスを感じ取っていただけると幸いです。

ソリューションアーキテクトとは

　「利用者数を増やしたい」「商品提供までの時間を短縮したい」「お客様満足度を向上したい」といった、企業や組織が抱えるさまざまなビジネス課題や目標に対し、最適なソリューションを提案するのがソリューションアーキテクトとなります。

　では**ソリューション**とは一体何なのでしょうか。ソリューションという言葉は、問題解決、解決策、といった意味を持つ英単語の"Solution"そのものです。ITの世界におけるソリューションとは、**企業や組織の課題を解決したり要望を実現したりするための施策・手段**のことであり、その多くが、テクノロジーの組み合わせで構成されたITシステムを通じて実現されます。テクノロジーというのは、具体的には、パソコンやプリンター、スマートフォンなどのハードウェア製品や、ドキュメント作成や画像処理、会計アプリケーションといったソフトウェア製品、インターネットやクラウドサービスなどを指します。

　昨今のビジネスおよびビジネスを支えるITシステムは非常に発達しており、単一のテクノロジー（たとえば、1つのソフトウェア製品）を導入すれば課題解決できる、というケースはあまりありません。課題を解決するためにはどのような機能を持ったITシステムがあればよいのか、そしてそれを何のテクノロジーで実現するのか、仕組みを考える必要があります。このようなとき、ソリューションアーキテクトの出番となります。

🌐 ソリューションアーキテクト活動の全体像

　クレイジー・クラストでのケースを例にとり、ソリューションアーキテクト活動の全体像を紹介します。

　次ページの図のように、クレイジー・クラストのオーナーであるアントニオさんが「ピザの原材料の余剰在庫が多く、コストが最適化されていない」というビジネス課題を抱えており、ソリューションアーキテクトに相談したとしましょう。

　ソリューションアーキテクトがアントニオさんや現場の店長、スタッフにヒアリングを行った結果、店舗数拡大によってピザの売上予測の精度が落ちてきていることが過剰な仕入れにつながり、原材料が余る原因の1つとなっていることがわかりました。

　そこでソリューションアーキテクトは、売上予測を支援できるような新システムの導入をソリューションとして提案することとしました。

　新システムにはどのような機能があったらよいでしょうか。これまでの売上実績をデータ化し分析できる機能でしょうか。あるいは、ピザメニューについてのお客様からの評判を収集できるような機能でしょうか。

　ソリューションアーキテクトは必要な機能を洗い出し、アーキテクチャを作成します。そして必要なテクノロジーを選定します。インフラストラクチャのレイヤーでは、クラウドサービスやサーバーの中から何を選択するのか。アプリケーションはPythonで自前開発するのか、既製品のデータ分析製品を導入してカスタマイズするのか。類似の機能を持った製品やサービスの中からどれを採用するかを比較検討し、決定することも必要です。

　最終的には、新システムを構築するためにかかる費用やスケジュールも含めてソリューションとしてまとめて、アントニオさんに提案します。

●ソリューションアーキテクト活動の全体像

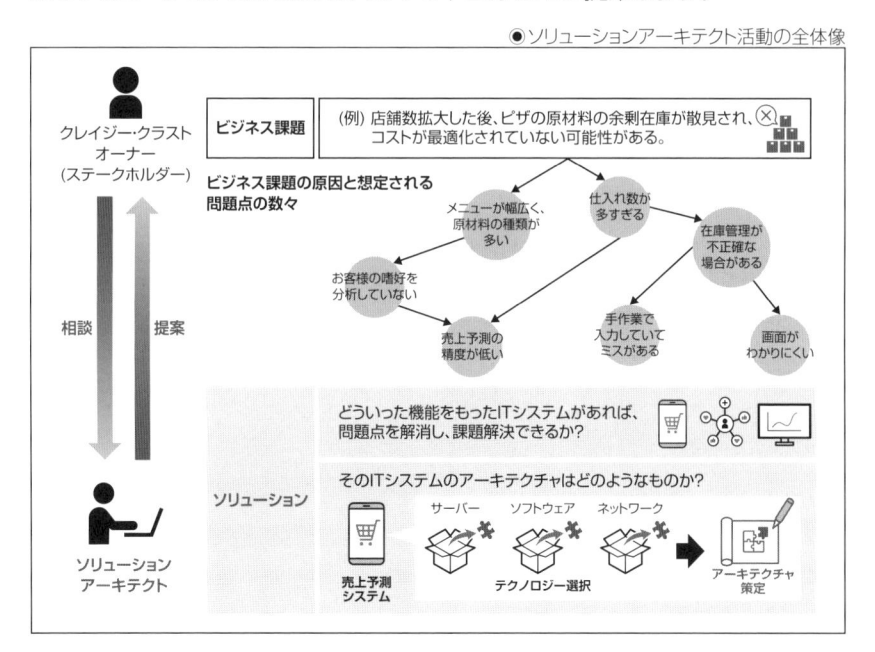

　このように、**複数のテクノロジーをベストミックスなかたちで組み合わせて**システム化する構想を練り、**実装可能なアーキテクチャを策定**して、**ビジネス課題を解決するソリューションとして提案**するのがソリューションアーキテクトの活動概要になります。

🔹 ITライフサイクルにおけるソリューションアーキテクトの位置付け

CHAPTER 01にて、ITシステムのライフサイクルとITアーキテクトについて説明しましたが、ソリューションアーキテクトは、構想立案および計画立案フェーズが主な活動の場となります。

●ITライフサイクルにおけるソリューションアーキテクトの位置付け

構想立案/計画立案フェーズにおいてソリューションアーキテクトは、前述の通り、ステークホルダーが持つビジネスニーズを理解し、どのようなソリューションが適用できるかを考え、システムの概要アーキテクチャと費用をまとめて、ステークホルダーに提案します。そして、提案ソリューションが、ステークホルダー（クレイジー・クラストであればアントニオさん）にとって価値あるものであり、投資対効果があることを理解してもらい、次のフェーズであるシステム実装段階に進める承認を得ることが活動のゴールの1つになります。

ソリューションアーキテクトが策定するアーキテクチャは基本的には概要レベルに留まりますが、後続のシステム実装における方針やスコープを示す役目を担います。概要レベルのアーキテクチャが要件定義や設計、構築のインプットとなり、その結果、実際に稼働してビジネス価値を生み出すシステムが出来上がってくるということです。

つまり、ソリューションアーキテクトは、**企業や組織のビジネスニーズとITの能力（システム）をつなぐ橋渡し役**ともいえるでしょう。

◈ エンタープライズアーキテクトとの関係

　CHAPTER 02に記載の通り、エンタープライズアーキテクトが全社的視点で活動するのに対し、ソリューションアーキテクトはある特定の領域に焦点を当てて、アーキテクチャを策定します。

　この後にも述べますが、ソリューションアーキテクトがアーキテクチャを策定する際、組織全体のアーキテクチャに関わるIT戦略や技術標準、現行IT環境を考慮する必要があります。ソリューションアーキテクトがフォーカスする特定の領域のアーキテクチャは、組織全体のアーキテクチャの一部として包含されるものであり、全体との整合性をとる必要があるためです。

　よって、ソリューションアーキテクトは、エンタープライズアーキテクトから組織全体に関わる情報を入手したり、全社的なアーキテクチャの一貫性を担保したりするためにエンタープライズアーキテクトのレビューを受ける、といった協業ができると、より良いアーキテクチャ策定につながるでしょう。

　なお、エンタープライズアーキテクトがソリューションアーキテクトを兼任しているケースもあります。

◈ ソフトウェアアーキテクト、インフラストラクチャアーキテクトとの関係

　ソフトウェアアーキテクトやインフラストラクチャアーキテクトは、主にシステム実装段階にて活動するアーキテクトです。特定のソフトウェアやインフラストラクチャーに関する製品レベルの設計を行い、実際にITシステムを構築できるところまでアーキテクチャを詳細化する役割を持つため、ソリューションアーキテクトから提案時の概要アーキテクチャを引継ぎ、設計のインプットとします。

　ソフトウェアアーキテクトおよびインフラストラクチャアーキテクトについても、ソリューションアーキテクトが兼任しているケースがあります。

ソリューションアーキテクトの業務

　それでは本節から、ソリューションアーキテクトの業務についてより詳しく見ていきましょう。

　課題に対するソリューションの検討を**ソリューショニング**と呼んだりしますが、ソリューショニングでは主に次のようなアクティビティを行います。

- アクティビティ1：現状を把握し課題を分析する
  - 対象とする課題や既存ITに関する状況を分析して可視化します。
- アクティビティ2：ソリューションの方向性を決める
  - あるべきソリューションを複数の選択肢の中から探索し、ステークホルダーと方向性を合意します。
- アクティビティ3：アーキテクチャを詳細化し承認を得る
  - 詳細アーキテクチャおよびシステム実装のための投資規模やスケジュールをまとめ、最終的なソリューションとしてステークホルダーに提案し、承認を得ます。

◉ソリューショニングアクティビティの流れ

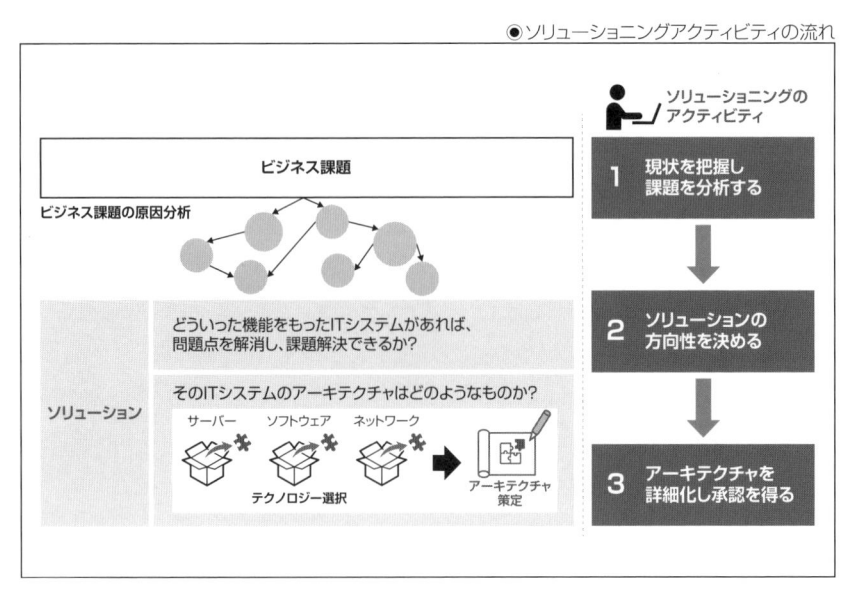

アクティビティ1：
現状を把握し課題を分析する

　まず始めに、ステークホルダーへのヒアリングなどを通じて情報を収集し、課題や既存ITに関する状況を分析して可視化します。

　ある特定の課題に対して、世の中に多数ある製品・サービスをベストミックスして最適なソリューションを作り上げるためには、課題への深い洞察が必要となります。ソリューションアーキテクトが紐解かねばならないのは、表面化しているビジネス課題だけではなく、課題を引き起こしている根本的な原因だからです。

　そのような根本原因、いわゆる"真の課題"を探るためには、ビジネス課題が存在している領域（事業や組織、IT環境）に対する理解が不可欠です。具体的にどういった情報を把握しておくべきなのか、いくつか例を示します。

🌠 事業概要の理解

　企業全体および対象の事業における目的や取り組み内容を理解します。情報は、企業のIR情報やハイレベルなステークホルダー（CxOといった経営層）へのヒアリングを通じて入手します。このとき、**ITに限らず事業自体にフォーカス**することがポイントです。

　ソリューションアーキテクトが実現したいのは"ITシステムを作ること"それ自体ではなく、企業・組織の目標、たとえばビジネス領域の拡大や、売上高の増加、人件費の最適化などを達成することです。

　動くシステムを構築できたら提案は成功といえるのかといったらそれは違います。現実には、システムを成功裡に完成させることができても、次第に使われなくなってしまうシステムも残念ながらあります。それはなぜでしょうか。当初狙っていた効果が出ていないからです。"当初狙っていた効果"というのは決して技術的な課題ではなく、ビジネスにおける課題を解くことです。

　「ビジネス課題に対するソリューションなんだから、そんなの当たり前でしょう」と思われるかもしれませんが、ITアーキテクトとしてソリューション提案やシステム設計作業に取り組んでいると、目の前に多くの技術的な課題・障壁も出てくるので、そういった技術的課題を解いてシステムを稼働させることがあたかもアーキテクト活動の主目的のように見えてしまうことも時にはあったりするのです。

ソリューションの選択やソリューションを実現するためのアーキテクチャを決定する際、事業においてなにが重要視されるのかを念頭においておくことが、より良い決定につなげられるはずです。そのために事業への理解は必要不可欠です。

❖ 組織の把握

企業全体や対象事業の**組織図**も、ソリューショニングの初期段階で把握しておきたい情報の1つです。

ソリューション提案に対する承認を得て、システム実装段階に進めるためには、ソリューションに関わってくる利害関係者、つまりステークホルダーの合意が必要です。ステークホルダーは通常複数存在し、ソリューションに対して期待や疑念、有識者としての見解といった、**それぞれの立場に応じた異なる関心事と意見**を持っています。

●ステークホルダーは異なる観点と関心事を持っている

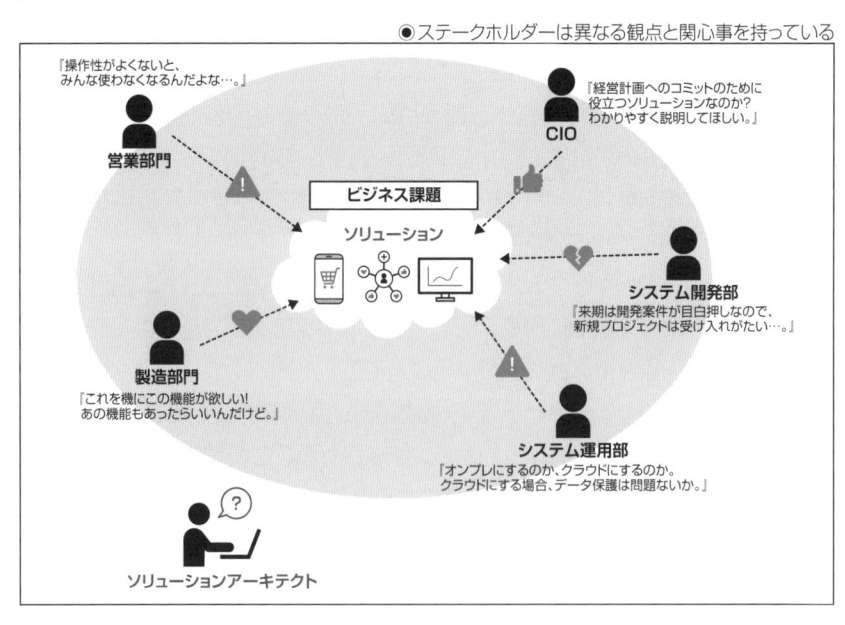

それぞれの意見を傾聴し、ソリューションの落とし所を探って、ステークホルダー間の合意を導くことは、ソリューションアーキテクトの重要な役割の1つです。その役割を果たすために、ステークホルダーはどの組織にいる誰なのか、彼らはどのような要望や意見を持っていそうなのかをつかんでおくのに組織図は役に立つことでしょう。

💧 現行IT環境の整理

　現行IT環境とは、企業や組織で業務を行うためにすでに使用しているITシステム、テクノロジーに関する全般的な情報を指します。

　企業や組織活動をITシステムが支えているのが当たり前な昨今、現行のIT環境が存在しないケースはあまりありません。新たなビジネスのための新システムを作る場合であっても、現行システムとの接続が発生したり、社内で規定されているIT実装に関する標準規定やガイドラインに沿って設計する必要があったりすることが多く、それらはソリューション提案時に考慮すべき**制約**になります。アーキテクチャを決める際、要件（どのような機能が必要か）だけでなく制約も、数ある選択肢の中から1つに絞り決定する根拠となります。

　わかりやすい制約は予算です。日常生活において、欲しい物があっても予算オーバーで購入を見送る、あるいは代替品で妥協する、といった経験は誰しもあるかと思います。ソリューション提案においても同様で、予算の範囲で実装可能なアーキテクチャを考えなければならない場合がよくあります。

　このように制約は、後続で行うアーキテクチャ策定のインプットとなるので、制約になりうる現行IT環境の情報をあらかじめ収集しておくことは大切です。

　現行IT環境の情報は、さまざまな観点や粒度で整理されます。次ページの図は、開業から3年経ったクレイジー・クラストが、宅配ピザ店としての一連業務を遂行するためにどういった拠点を構えていて、システムがどこで稼働しているかを表した**俯瞰図**です。このような俯瞰図も、現行IT環境に関する情報の1つとなります。

05

ソリューションアーキテクト

◉ある時点におけるクレイジー・クラストのIT環境

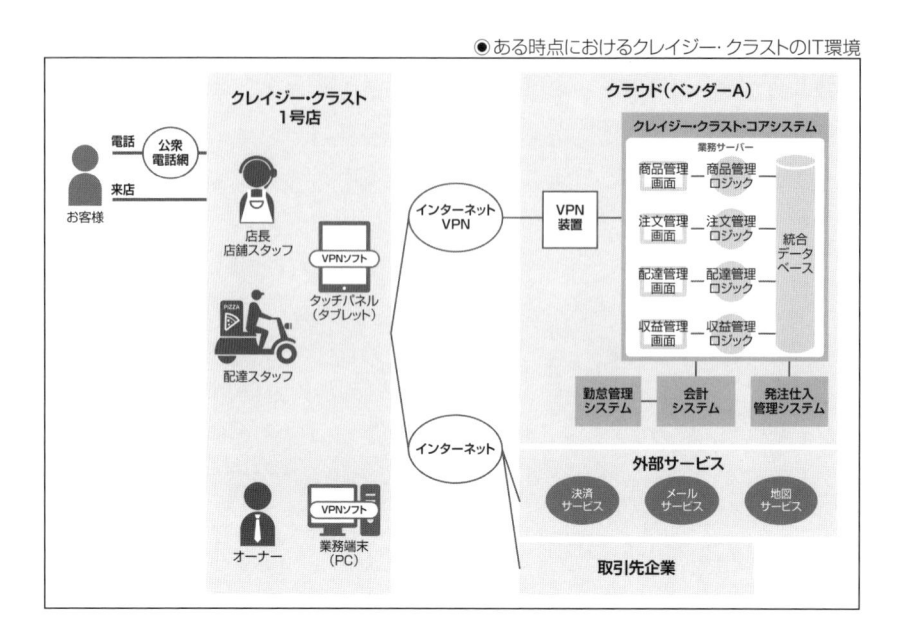

ソリューションアーキテクト

🔶 ソリューションを提案すべきか

　ステークホルダーから提起されたビジネス課題に対し、ソリューションを提案する価値が本当にあるのか、どの程度差し迫った状況なのか、背景を把握しておくことも大切です。そのために用いられる手法の1つが**BANT**と呼ばれるフレームワークです。BANTとは、「Budget」「Authority」「Needs」「Timeframe」の頭文字を取ったもので、ソリューション導入に関する状況をこれら4つの観点から評価します。BANTは営業活動におけるフレームワークで、今から60年以上も前にIBMが提唱したといわれていますが、現在でもソリューション検討の必要性の有無やその強さ、優先度の見極めに役立ちます。

◆ Budget（予算）

　ソリューション導入のためにどの程度の予算を確保できるか確認します。直近で予算が確保される見通しが立っていない場合は、ソリューション検討だけにとどまり、システム実装まで行き着くことが難しい可能性があります。

◆ Authority（決済権）

　ステークホルダーの内、ソリューション導入の最終意思決定者や投資の承認権限を持つ人物は誰なのかを把握します。これらのステークホルダーに対しては、ソリューションの価値やメリットを特に効果的に伝えることが必要です。最終決定権を持つ人物が明らかでない場合、これもまた検討だけにとどまり、実装段階に進めることが難しくなる可能性があります。

◆ Needs（ソリューションの必要性）

　ニーズは、いわずもがなソリューション検討・実装を進める上での核です。ソリューションを導入することでどのビジネス課題を解決し、企業や組織としてどのようなメリットが享受したいのか、内容や根拠をステークホルダーが理解できるレベルで明示できるのか確認します。ソリューション適用の成否がどのような評価項目で判定されるのかといった情報もニーズの判断の一助となります。

◆ Timeframe（導入時期）

　ソリューション導入の期限や目標時期があるのかを確認します。経営計画やITロードマップ（IT環境全体を今後どのように変化させていくかの全体計画）に基づいた取り組みの1つとなっていたり、現行稼働しているシステムの保守期限が迫っていたりといった理由でソリューション導入の時期感があらかじめ決まっている場合、よりソリューション提案の重要性が高いと評価できます。また、検討をそのスケジュールに合わせて推進する必要があります。

COLUMN
反復的なアプローチと文書化の重要性

　ソリューションアーキテクトが提案チームに参画してソリューション検討を始める際、必ずしも現状情報を1から入手しなければならない、ということではありません。たとえば、筆者が所属している企業はお客様にITソリューションを提案するいわゆるシステムインテグレーターですが、担当営業やエンタープライズアーキテクトが、お客様の経営計画やIT戦略、体制、現行IT環境について把握できた内容を随時文書化しています。そういった既存の文書を提案チーム内で共有することで、お客様状況に対する理解を深めることが可能です。

　また、情報収集の際、必要な情報が最初からすべて手に入るとは限りませんが、それで構いません。

　ソリューションアーキテクトに限らず、ITアーキテクトのさまざまなアクティビティにおいては、概要レベルから把握し、情報の追加や検討の繰り返しを通じて、段階的に詳細レベルに落としていく、**反復的な活動を通じて洗練させていくアプローチ**を取ることが一般的です。アーキテクチャを策定する際、何かしらの事項が未決であるために、アーキテクチャを決定しきれないといったことは多々あります。その場合、いったん仮定を置いてアーキテクチャを決めておき、未決事項が確定した時点でもう一度戻って、アーキテクチャを見直し、再検討する、といったやり方をとります。

　現状に関する情報収集についても同様で、ソリューショニングを行っている途中で得られる情報も少なくありません。継続的なアクティビティの中で、徐々に情報量を増強したり、精緻化したりすることにより、現状への理解を深めていくことになります。

　一時点における情報不足を気にするよりも、重要なのは**入手した段階で文書化**しておくということです。先ほどの未決事項を仮置きして進める例でも、どの時点でどのような仮定をおいて決めたのか、文書化して管理しておかなくてはいけません。文書化してチーム内で共有可能な状態にしておくことで、追加の情報が来た時点でブラッシュアップできますし、またチーム内での認識合わせにも使用できます。ITアーキテクトの業務全般を通じて、文書化はキーポイントの1つになります。

01
02
03
04
05
06
07
08
09
ソリューションアーキテクト

アクティビティ2：
ソリューションの方向性を決める

　現状や課題の分析を行い、ITシステムで紐解くべき真の課題を見つけたら、どういったソリューションの方向性がとりうるのか検討します。スコープの定義、重要な要件の整理、ハイレベルなアーキテクチャの策定を通じて、複数の選択肢からあるべきソリューションを探索し、方向性をステークホルダーと合意します。

🔷 スコープの定義

　まずはソリューションの対象スコープを定義します。**スコープ**とは、今回新たに提案するソリューションのシステム範囲のことです。

　スコープを視覚化するのに役立つ成果物として、**システムコンテキスト図**が挙げられます。下図は、クレイジー・クラストにおける売上予測システムのシステムコンテキスト図の例です。

●システムコンテキスト図

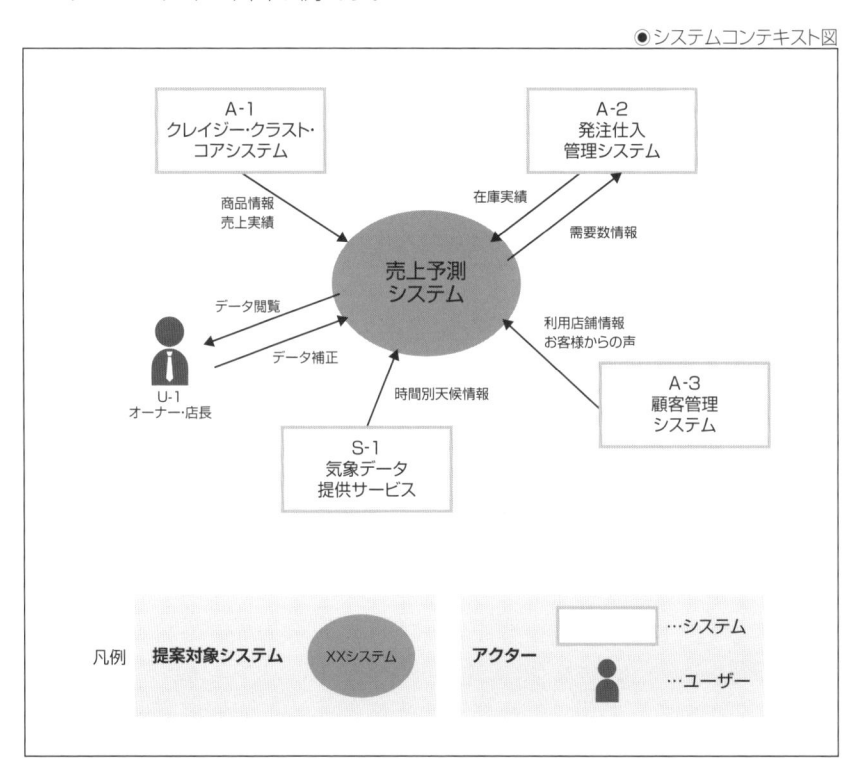

05

ソリューションアーキテクト

　提案対象である売上予測システムを円で表現して中央に配置し、周辺にはアクターと呼ばれるシステムのユーザー（今回はオーナーや店長）や連携する外部システムおよびサービスを配置しています。売上予測システムにはどのようなアクターが必要なのかを洗い出して可視化することにより、提案対象システムと外部の境界を明確にし、スコープを明示化することができます。システムコンテキスト図については、CHAPTER 09でも説明しているので参照してください。

　なお、スコープ定義の段階では、提案システムはただの円として扱い、"ブラックボックス"の状態で問題ありません。この後のアクティビティで、この円の中身をアーキテクチャとして表現しながら段階的に詳細化＝"ホワイトボックス"化していくことになります。

🔷 重要な要件の整理

　スコープを確定したら次に、システムに求められる**要件**を特定します。要件の候補は、ステークホルダーへのヒアリングや課題の分析を通じて洗い出しますが、一般的に、**機能要件**と**非機能要件**に分類して整理します。

　機能要件とは、システムが何をするか、どのような機能があるかを定義したものです。非機能要件とは、システムとしての品質を定義したものです。たとえば、クレイジー・クラストにおけるオンライン注文サイトの場合、ピザメニューを検索したり、欲しいピザをカートに入れて注文したりできるというのが機能要件であり、サイトの応答（レスポンス）が速くて快適に使えること、今後予想されているユーザー数の増大に対応してシステムの能力を拡張できること、セキュリティ対策がなされて安全に決済できること、といったものが非機能要件となります。非機能要件には、先述した「制約」も含まれます。

　機能要件と非機能要件はいずれもアーキテクチャを決めるための重要な要素です。機能要件だけでは、ビジネスの成功やユーザーの満足度への貢献に不十分であり、非機能要件も考慮しなければなりません。非機能要件は、システムの内部で保証される性能や信頼性であり、システムを利用しているユーザーから直接見えるものではないですが、システムが提供する機能のサービスレベルを具現化して支えるための要件だからです。どんなに良い機能を盛り込んだシステムでも、操作性が悪かったり、システムダウンしている時間が長かったりすると、ユーザーの不満につながり、次第に利用されなくなってしまいます。

　また、機能要件、非機能要件は**相互に影響し、時にはトレードオフの関係**となるため、バランス良く取り込み、アーキテクチャへ反映することが求められます。各ステークホルダーの納得を得られるように、機能要件・非機能要件のバランスを見極めていくところが、ソリューションアーキテクトの腕の見せ所の1つです。

　要件を特定した結果は、要件一覧や仕様書、ユースケース図といった成果物として文書化します。下図はクレイジー・クラストの売上予測システムのユースケース図の一例です。ユースケース図はユーザーから見たITシステムの挙動を表すことができるので、特に機能要件の整理に役立ちます。

●ユースケース図

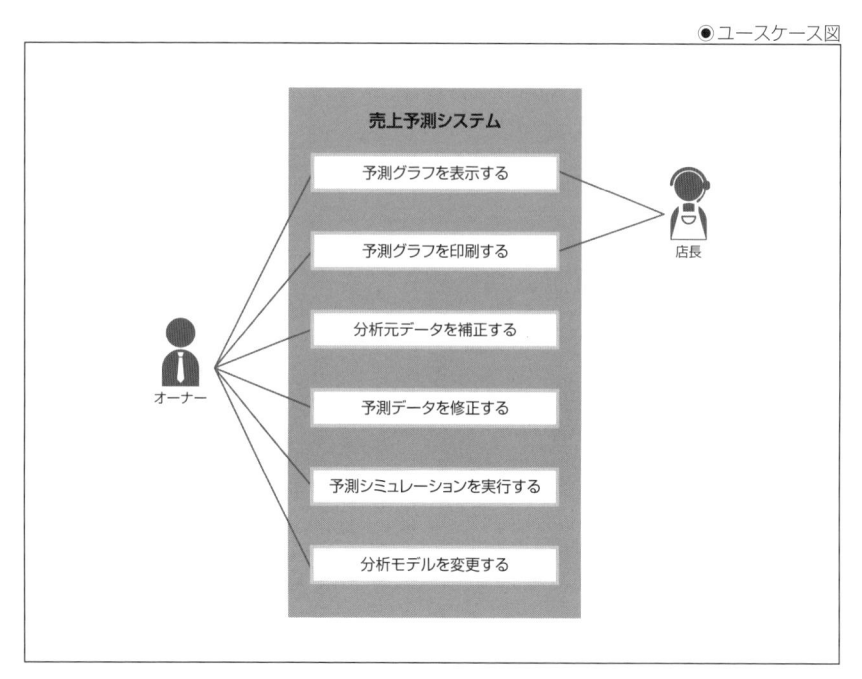

　整理した要件はステークホルダーに共有し、認識のずれや矛盾を解消して合意を得ます。合意された要件が、この後、策定するアーキテクチャのインプットとなります。

　なお、ITライフサイクル全体を通じて要件の変更や追加はつきものなので、継続的に管理していくことが大切です。要件変更が発生した場合には、影響度合いを評価した上で、要件として取り込むのかを判断し、一覧や図といった成果物に反映させましょう。

ハイレベルなアーキテクチャの策定

要件が整理できたら、要件を満たすソリューションの選択肢を検討します。要件を盛り込んだハイレベル（概要レベル）のアーキテクチャ案を描き、ステークホルダーの要望に沿っているかのヒアリングやディスカッションをしながら、適宜更新していきます。そして最終的には、ステークホルダーとソリューションの方向性について合意します。

下図は、クレイジー・クラストにおける売上予測システムの**アーキテクチャ概要図**です。売上予測の機能を提供するために、どのような構成要素があり、連携しているのか、アーキテクチャの全体像が捉えられる図になっています。このような概要図を元に、ステークホルダーとソリューションについてディスカッションし、認識合わせを行います。

●アーキテクチャ概要図

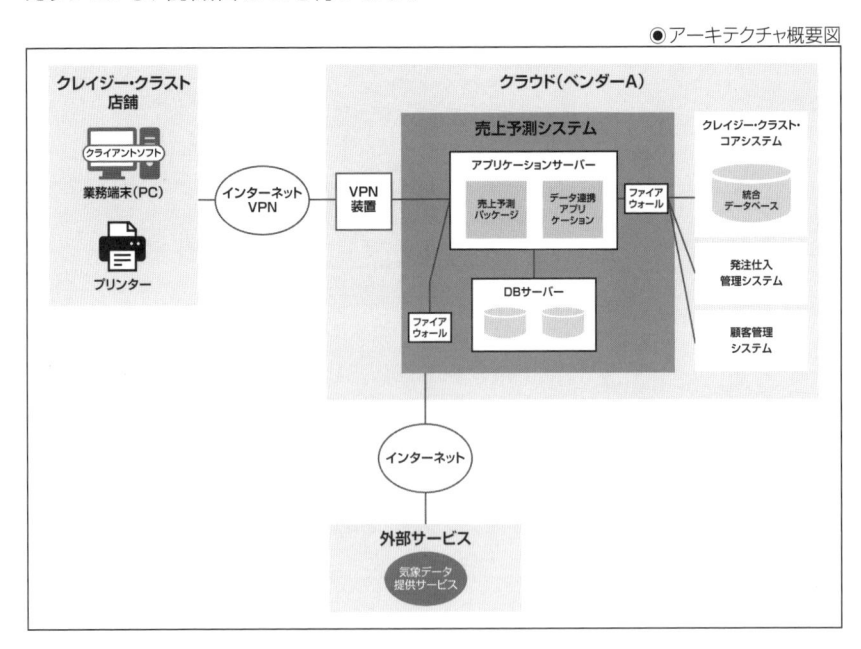

なお、ソリューショニングの中で作成するアーキテクチャ概要図は1枚のみとは限りません。どの観点で概要を把握すべきかは、ステークホルダーの関心事によります。ディスカッションしやすいように、各ステークホルダーの**関心事に合わせてアーキテクチャ概要図を作成**する必要があるので、構成要素の粒度やレベル感が異なる概要図が複数作成されることはよくあり、上図はあくまで概要図の一例となります。

　ハイレベルなアーキテクチャを策定するにあたり複数の選択肢が存在し、選択によるソリューションやアーキテクチャへの影響が大きい場合、**行った選択の根拠や理由付けを文書化**して明確にしておきます。それを**アーキテクチャ上の決定**と呼びます。

　アーキテクチャ上の決定は、なぜそのようなソリューション、アーキテクチャになったのかの根拠を示す根幹となるものなので、ステークホルダーにも説明し、合意をとっておきます。アーキテクチャ上の決定の詳細や文書化しておくことの重要性についてはCHAPTER 09にも記載しているので参照してください。

COLUMN
要件整理やアーキテクチャ策定のレベル感

　ソリューション提案における要件整理のポイントは、**特定する要件は重要なものにとどめておく**ことです。

　要件の洗い出しや精査は時間と人手をかければかけるほど、詳細化していくことができることでしょう。しかしながら、ソリューション提案というものは多くの場合限られた期間の中で行う必要があり、また、提案段階なので要件自体が変わってくることも少なくありません。

　そして、ソリューション提案段階においてソリューションアーキテクトが要件を整理する目的は、これから提案しようとしているシステムが、ステークホルダーのニーズを満たすために何ができるのかを表し、そしてステークホルダーに提案ソリューションの価値を理解させ、投資判断を仰ぐためです。

　よって、ソリューションアーキテクトとしては、詳細レベルの要件をもれなく拾い上げるよりも、ビジネス課題を解決するために必要不可欠な要件、ソリューションの方向性を定める主要な要件にフォーカスして洗い出すという意識が重要です。ソリューションの核となり、ステークホルダー間の合意へと導く重要な要件とはなにか、迷ったときは、解くべきビジネス課題に一度立ち帰って考えてみましょう。今、着目している領域はビジネス課題の解決に重要な要素であるのか、ソリューションの方向性を定めるためにどの程度関わりそうなのかを考えることで、特定すべき要件の領域が見えてくるはずです。

01　02　03　04　05　06　07　08　09

ソリューションアーキテクト

　また、アーキテクチャ策定時についても要件整理と同様で、**どこまでアーキテクチャを詳細化・ホワイトボックス化するかの"さじ加減"**が求められます。

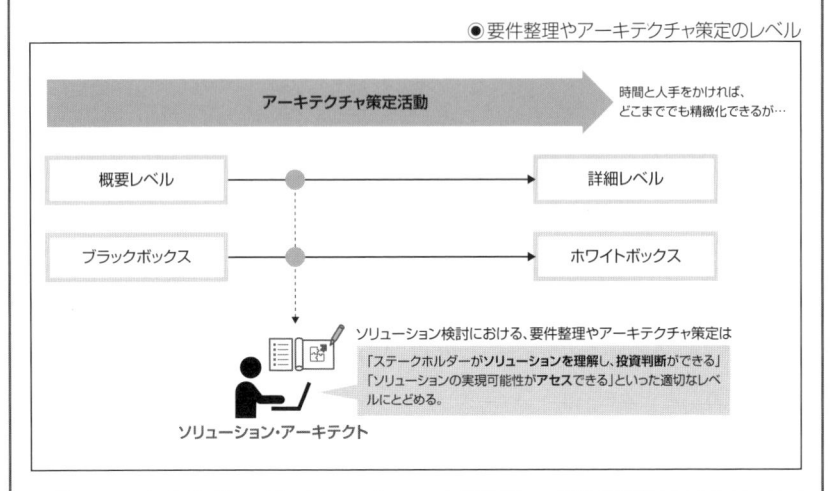

●要件整理やアーキテクチャ策定のレベル

　「ステークホルダーがソリューションを理解し、投資判断ができる」「ソリューションの実現可能性がアセスできる」といった適切なレベルまでの精緻化に留めておきましょう。このさじ加減は、何かしらのテクニックというよりは、ソリューションアーキテクトとして提案やアーキテクチャ策定の経験を地道に積んでいくことで得られる勘所に依るところでもあります。

SECTION-27
アクティビティ3：アーキテクチャ を詳細化し承認を得る

　ソリューションの方向性を合意できたら、アーキテクチャをもう一段階、詳細化した上で、システム実装にかかる投資規模やスケジュールなど、最終意思決定者がソリューションを承認するための判断材料を揃えて、最終提案を行います。

🔷 アーキテクチャの詳細化

　ハイレベルなアーキテクチャに基づき、ITシステムの構成要素をさらにブレイクダウンして、アーキテクチャを詳細化します。構成要素は、最終的には**費用が見積もれる項目レベル**になっている必要があります。つまり、このソリューションで使われるテクノロジーが具体的に何であるのか、製品名やサービス名で表現されている状態を目指します。たとえば、クレイジー・クラストの売上予測システムのアーキテクチャ詳細は、下図における**サーバー構成図**で表現しています。

●システムコンテキスト図から段階的に詳細化したアーキテクチャ

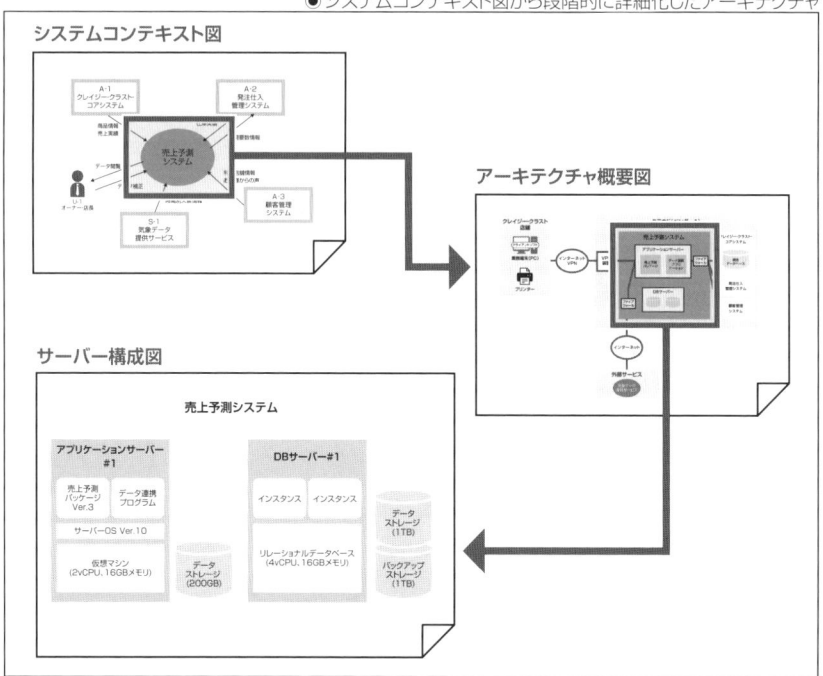

ソリューションアーキテクト

　前ページの図にはこれまでに提示したシステムコンテキスト図、アーキテクチャ概要図も含めていますが、ソリューショニング初期の段階では、システムコンテキスト図で単なる円（ブラックボックス）の表現だった売上予測システムが、このフェーズまで到達すると、サーバー構成図のようにホワイトボックス化されているということがご理解いただけるでしょうか。

　アーキテクチャ詳細化のためのテクニックとしては、コンポーネントモデルやオペレーショナルモデルの作成があります。これらの詳細はCHAPTER 09を参照してください。

🧊 プロジェクト計画と費用見積もり

　新システムを構築するためには、製品やサービスを購入したり、実装を担当するプロジェクトメンバーを招集したりするための**費用**が必要となります。そのため、ソリューションアーキテクトは、プロジェクトマネージャーと協業しながら、詳細化されたアーキテクチャをベースに、構築プロジェクトの計画や必要費用を明確化し、ステークホルダーが判断するための材料としてまとめます。

◆ 構築プロジェクト計画（案）

　システムを実装するための作業項目を洗い出し、どのようなスケジュールで行うのかの計画案を作成します。また、プロジェクト体制として、どのようなケーパビリティ（スキル）を持ったメンバーが必要なのかを検討します。

◆ 概算費用見積もり

　構築プロジェクトで必要なコストの費目として、大きく「資源（テクノロジー）」と「要員（プロジェクト参画メンバー）」があります。

　資源については、策定したアーキテクチャから、ハードウェア/ソフトウェア/サービスを一覧化し、それぞれ販売業者から見積もりを取得します。

　要員については、構築プロジェクト計画（案）の作成時に検討した体制案を参照し、要員計画の策定を行った上で、費用を見積もります。自社のメンバーだけではケーパビリティが足りない場合は、外部パートナー企業との協業を検討します。

● 提案ソリューションの承認

実現内容（要件）とそのアーキテクチャ、構築プロジェクト計画および費用を
とりまとめることができたら、課題に対するソリューションとしてステークホル
ダーに提示します。ステークホルダー（最終意思決定者）がそのソリューション
提案を受け入れ、システム実装に進めるという承認を出したら、ソリューション
を実際にシステム化し稼働させるためのシステム実装フェーズに移行します。

システムインテグレーターに所属するソリューションアーキテクトが提案を
行っているケースでは、承認の形として、システム実装プロジェクトの契約を
締結することとなります。

以上が、ソリューショニングのアクティビティとなります。

ソリューショニングのその後

システム実装フェーズにおいて、ソリューションアーキテクト自身が引き続きソフトウェアアーキテクトやインフラストラクチャアーキテクトの役割を担ってプロジェクトに参画し、設計作業を行うこともありますが、今回は別のアーキテクトメンバーに引継ぐ場合のケースを取り上げます。引継ぎ後は、プロジェクトにおける主たるメンバーではなくなりますが、ソリューションを立案したアーキテクトとして**提案フェーズからシームレスに構築プロジェクトをフォロー**していくことが、質の高いシステムを実現するために重要です。

🔹 構築プロジェクトへの引継ぎとフォロー

システム実装フェーズでは、プロジェクトマネージャーを筆頭に、ソフトウェアアーキテクトやインフラストラクチャアーキテクト、各領域のITスペシャリストを集めてプロジェクト体制を組閣し、より詳細な要件定義および設計、構築・テストを進めていきます。

要件定義のインプットになるのが、これまでソリューションアーキテクトが策定してきた要件一覧やアーキテクチャ概要図、アーキテクチャ上の決定といった成果物となります。プロジェクトキックオフミーティングなどの機会を活用し、ソリューション検討フェーズでの成果物やその他入手した情報をソリューションアーキテクトからプロジェクトメンバーに連携します。

🔹 ソリューションの価値の確認

本章の冒頭で、ソリューションアーキテクト活動のゴールの1つは「提案ソリューションが、ステークホルダーにとって価値があることを理解してもらい、システム実装に進める承認を得ること」と述べましたが、もう1つのゴールは、実際にシステムを使ってもらった上で、本当に価値あるソリューションだったとステークホルダーが認識しているか、つまりは**ステークホルダーの満足度に貢献できたか**を確認するということです。ステークホルダーが満足しているのであれば、次の提案機会をいただける可能性が広がりますし、満足していないのであればなぜそのような結果になったのか振り返った上で、改善アクションにつなげる必要があります。

　システムがサービスインした後、ビジネス課題が紐解けたのかどうか、システムの評判がどうか、ステークホルダーやユーザーの声に耳を傾けてみてください。

ソリューションアーキテクト

本章のまとめ

　ビジネスニーズとITの能力をつなぐ橋渡し役ともいえるソリューションアーキテクトがどのような業務を担っているのか、アクティビティの説明を通じてイメージしていただくことができましたでしょうか。

　ソリューションアーキテクトの活動において大切なことは、ステークホルダーの合意を得られるような落とし所となるソリューションやアーキテクチャを**多角的に検討して決断する**ことであり、そのためにはステークホルダーの声を**傾聴**し、事実やニーズを**可視化・文書化**し、共通認識を図っていけるように**導く**ことです。

CHAPTER 06
ビジネスアーキテクト

▶▶▶ 本章の概要

ビジネスアーキテクチャは、組織のビジネスモデルやプロセスを効果的に設計し、運営するためのフレームワークです。ビジネスアーキテクトは組織の戦略や目標に基づいてビジネスアーキテクチャを設計し、ビジネスプロセス、情報システム、技術インフラ、組織構造など、多岐にわたる要素を包括的にデザインします。これにより、異なる部門や機能間の連携と情報共有が促進され、効率性と競争力が向上します。

ビジネスアーキテクチャの設計にはビジネスモデリング、プロセスマッピング、情報フローダイアグラムなどの手法やツールが使用されます。

ビジネスアーキテクチャとは

　これまでアーキテクチャとは「構造」を示すものであると説明しましたが、ビジネスにも構造が存在しています。この構造は企業などの「エンタープライズ」にとって非常に重要な要素です。

　エンタープライズの存在理由とは何でしょうか。一般的に、エンタープライズは顧客に価値を提供しその対価を得ます。そして、その対価を再投資してエンタープライズの魅力を高め、提供できる価値を増やすサイクルを繰り返すことで成長していきます。**ビジネスアーキテクチャは、エンタープライズがどのように価値を生み出し、それを顧客に提供するかの構造を表現するもの**です。

🔷 ビジネスアーキテクトに求められる能力

　ビジネスアーキテクトは、CEOやCIOなどのステークホルダとのコミュニケーションを通じて、**エンタープライズのビジネス目標を特定し、それに対するビジネス戦略を理解する必要**があります。これをもとに、顧客に価値を提供する流れを定義し、必要な能力（ケイパビリティ）を特定します。

　エンタープライズ全体の組織構造、業務の流れ、プロセス、さらにはそれらを支えるシステムについての総合的な知識も必要とされます。

　これらの能力をもとに、変革を達成するためのビジネス機能を定義します。

COLUMN
🌐 エンタープライズとは

　「エンタープライズ」という言葉は一般的に「法人」といった意味で使われますが、「法人」とは何かをより具体的に考えた場合、大企業や中堅企業、もしくは官公庁などの公的機関を指し、またそこでの企業や組織の活動や運営を指すといえます。エンタープライズのアーキテクチャを考えるということは、エンタープライズにおける経営戦略やビジネスプロセスの設計、情報技術の活用など、組織の成果を最大化するための方法を考えることに他なりません。

ステークホルダーとは

　ステークホルダーとは、エンタープライズアーキテクチャに興味を持つ重要な人々のことを指します。たとえば、CEO、CFO、CIOなど、顧客に価値を提供する仕事に関わる人たちが含まれます。また、顧客自身もステークホルダの一部です。各ステークホルダは、自分自身の役割に基づいて関心を持ち、それに関連するアーキテクチャを理解します。この関心事を「ビューポイント」と呼びます。ビューポイントは、それぞれが自分の興味に基づいた視点を持つことを示しています。エンタープライズアーキテクチャでは、ビューポイントの概念は非常に重要です。

01

02

03

04

05

06
ビジネスアーキテクト

07

08

09

ビジネスアーキテクチャを構成する主要な要素

本節ではビジネスアーキテクチャを構成する主要な要素について記します。

🎲 プリンシプル

「プリンシプル」とは、**原理原則**という意味です。エンタープライズ全体の規模になると、マネジメントから現場の担当者まで、さまざまな人がこのアーキテクチャに関与します。しかし、それぞれの人が異なる立場や文化背景から考え方の違いが生じることがあります。そこで、プリンシプルはこのような場合に、考え方を統一するためのものとなります。

具体的には、プリンシプルでは「作るより買う」といったシンプルな考え方を示します。たとえば、新たに機能を実現する際に、開発や構築をするか、既存のパッケージ製品を選択するかという選択肢がある場合、実績のある既存のパッケージを買うことを選択する原則が示されます。

このような考え方は人によって異なる傾向がありますが、エンタープライズ内では、まずは考え方のレベルで皆が同じ意識を持つことが重要です。それがプリンシプルの役割です。

🎲 プリンシプルの種類

プリンシプルにはいくつかの種類があります。まず、エンタープライズの基本的な考え方や原則を**ガイディングプリンシプル**と呼びます。

ガイディングプリンシプルはエンタープライズアーキテクチャの柱となり、4つのドメインである「ビジネスアーキテクチャ」「アプリケーションアーキテクチャ」「データアーキテクチャ」「テクノロジーアーキテクチャ」それぞれに対してプリンシプルが作成されます。

さらに、他のカテゴリでもプリンシプルが作成されることがあります。

◆ ガイディングプリンシプル

ガイディングプリンシプルとは、**エンタープライズのビジョン、ミッション、価値観に基づいた基本的な方針や原則**のことを指します。これらはエンタープライズの行動指針となり、意思決定の際の基準となります。

つまり、ビジョンやミッションを具体化し、組織が遵守すべき基本的なルールや方針として機能するものです。このガイディングプリンシプルに従って行動することで、組織は統一性を保ち、意思決定の基準も明確化されます。

◆ ビジネスプリンシプル

ビジネスプリンシプルは、上記のガイディングプリンシプルに基づいて**ビジネスにおける原則原理を定義**します。これにより、エンタープライズが提供する価値を明確に定義することができます。この価値の定義をビジネスゴールと呼びます。

そして、ビジネスゴールを達成するためには、サブゴールを定義する必要があります。サブゴールは、ビジネスゴールを達成するために必要な具体的な目標や手段を指します。

以上のように、ガイディングプリンシプル、ビジネスプリンシプル、ビジネスゴール、サブゴールの関係性を通じて、エンタープライズの方向性と行動計画が明確化されます。

プリンシプルを策定したら、次にそのゴールを達成するために必要な能力を定義します。この能力をケイパビリティと呼び、具体的には、社員や組織のスキル、マンパワー、あるいはシステムの持つ能力などを指します。これらのケイパビリティを組み合わせてゴールを達成することが、エンタープライズのゴール達成につながります。

🧊 ビジネスモデル

ビジネスモデルは、**組織が価値を創造し、提供し、そして獲得する方法を体系的に説明するもの**です。すべての組織には、明示的に文書化されているかどうかにかかわらず、何らかのビジネスモデルが存在しています。もし文書化されていない場合、そのビジネスモデルはリーダーの心の中にある抽象的な概念や、組織の日々の運営（手続きや行動）に内在していると考えられます。

ビジネスモデルは、ビジネスの仕組みを視覚的に表現し、現状や移行中の状態、将来のビジョンを示します。これにより、内外のステークホルダーに対して、価値の創造、獲得、提供の方法が明確になります。

また、ビジネスモデルは、ビジネス戦略の目標をビジネスケイパビリティとどのように結びつけて達成するかを考えるための支援ツールとなります。

🧊 ビジネスモデルの利点

ビジネスモデルには次のような利点があります。

- コミュニケーションの向上
  - 組織のコアとなるビジネスロジックを全体像として示すことで、ステークホルダー間のコミュニケーションがスムーズになる。
- 共通の視点の提供
  - 共通の視点や構造への理解が深まることで、より効果的なビジネス設計が可能となり、組織の目標達成に向けたエンタープライズアーキテクチャの展開を成功に導く。

ビジネスモデルはさまざまな形で表現することが可能であり、**ビジネスモデルキャンバス**や**ビジネスモデルキューブ**などが著名な例です。ビジネスモデルは、組織がどのように価値を創造し、獲得し、提供するかを示すハイレベルなビジョンを提供し、内外のステークホルダに対して明確に伝える役割を担います。また、ビジネスモデルは、ビジネスイノベーションや社内リソース（人員やシステム）の配置に関する戦略にも活用されます。さらに、ビジネスモデルはビジネス戦略の達成に向けた協力を促進し、各ビューポイントとその影響を明確にします。

ビジネスアーキテクチャは、ビジネスモデルを「ビジネスケイパビリティ」「バリューストリーム」「組織構造」などの各要素に分解します。この過程でビジネスモデルを検討する際に立てた仮定のギャップや矛盾を特定することができ、ビジネスモデルに必要な変更や改善についての議論をフィードバックすることが可能になります。

ビジネスモデルを進化させるためには、策定されたビジネスモデルに基づいて仮説を立て、その仮説を検証することが重要です。ビジネスアーキテクトは、検証結果をもとに仮説を確認または否定し、それに応じてビジネスモデルのプロトタイプを調整していきます。最終的に最適なビジネスモデルを選定し、それを計画、開発、展開するためにステークホルダーに詳細を説明します。

新しいビジネスモデルを考案することは比較的容易かもしれませんが、それを実装し、継続的に適応させることは簡単ではありません。しかし、急速に変化する現代の環境で成功している多くの組織は、この実装と適応に優れています。

　ビジネスアーキテクトは、ビジネスモデルを確立するだけでなく現在のビジネスの運営方法、可能性、対象を常に再評価し、再定義する必要があります。そして、ビジネスモデルがエンタープライズとそのエコシステムとどのように相互作用するかを理解することが必要です。

🟦 ビジネスモデルキャンバスについて

　ビジネスモデルキャンバス（The Business Model Canvas）は、Alexander OsterwalderとYves Pigneurにより「ビジネスモデルジェネレーション」誌で紹介されました。これは**ビジネスモデルのスケッチを作成するための直感的な技法**です。9つのセグメントが定義されており、これらはビジネスモデルの構成要素となります。

　ビジネスモデルキャンバスは、ビジネスにおいて収益とコストの関係、市場へ参入するための価値定義、サービスを提供する顧客、そして必要とされるリソースを処理する方法を検討するために実用的なツールとして設計されています。ビジネスモデルキャンバスは、ビジネスモデルを1枚のチャートにまとめます。これによりビジネスモデルに関する共通のビジョンを得ることができ、ビジネス上の問題や必要な変更について、経営陣の間で情報に基づく議論を可能にします。

　また、ビジネスの実行方法について明らかにすることで、市場に参加するステークホルダが価値を最大化するアプローチを提供します。

●ビジネスモデルキャンバスの例

141

◆ ビジネスモデルキャンバスの構築要素

ビジネスモデルキャンバスにおいては次の構成要素とその関係性でビジネスを表現します。

●ビジネスモデルキャンバスの構築要素

構成要素	説明
顧客セグメント	エンタープライズが接続し、サービスを提供しようとするさまざまなグループの人々または組織
バリュープロポジション	顧客が製品やサービスから期待できる利益
チャネル	エンタープライズが顧客セグメントとコミュニケーションを取り、顧客セグメントに接続し、バリュープロポジションを提供する方法
顧客との関係性	特定の顧客セグメントとエンタープライズが確立する関係の種類
収益ストリーム	各顧客セグメントからエンタープライズが生み出す収益
主要なリソース	ビジネスモデルを機能させるために必要な最も重要な資源
主要なアクティビティ	ビジネスモデルを機能させるためにエンタープライズがしなければならない最も重要なこと
主要なパートナー	ビジネスモデルを機能させるサプライヤーとパートナーのネットワーク
コスト構造	ビジネスモデルを運用するために発生するすべてのコスト

◆ ビジネスモデルキャンバスの使用について

ビジネスモデルキャンバスを作成する際は、会議形式で大きな図に印刷または表示しながら進めることが効果的です。これにより、グループメンバーがビジネスモデルの各要素について共同で意見を出し合うことができ、付箋やボードマーカーを使って自由に議論を展開することが可能になります。

たとえば、司会者は参加者に「主要なパートナーやサプライヤーは誰ですか?」「パートナーを組む動機は何ですか?」「顧客にどのようなバリューを提供していますか?」「どの顧客のニーズを満たしていますか?」のような質問を投げかけます。

ビジネスを成立させるケイパビリティに関しては、「流通チャネルの作成と提供に必要なリソースは何ですか?」「顧客はどのように製品を入手できますか?」といった質問をします。コストに関しては、「顧客の支払い方法は?」といった質問を投げかけます。

こういった質問を通じて構成要素の詳細を書き出し、ビジネスの概要とそれを実現するケイパビリティを紐付けます。

次に、現在のビジネス構造の強みと弱みを把握し、ビジネスケイパビリティについて分析を行います。

ビジネスケイパビリティとは

ビジネスケイパビリティとは、**ビジネスが「何か」を行う能力**を指します。ビジネスプロセスに似た概念ですが、主な違いは、ビジネスプロセスが「どのように」「なぜ」あるいは「どこで」その能力を使用するかを示すのに対し、ビジネスケイパビリティは「何をするか」を明確にする点です。

ビジネスケイパビリティは、ビジネスの可能性や新しい戦略の実現に不可欠な要素であり、エンタープライズが自由に活用できる能力といえます。

ビジネスケイパビリティを定義することは、ビジネスが必要とする活動を特定し、それらを記述し、全体的なミッションを支えることを意味します。

▣ ビジネスケイパビリティモデル

ビジネスケイパビリティモデルは、**特定のビジネスや組織が持つ能力**を表現します。このモデルは、現行の組織構成やビジネスプロセス、ITシステム、製品やサービスに依存せず、ビジネスに焦点を当てた視点を提供します。

通常、ビジネスケイパビリティモデルの成果物として**ビジネスケイパビリティマップ**が作成されます。このマップは、すべてのビジネスケイパビリティを適切なレベルで分解し、論理的にグループ化することで、異なる視点に対する視覚的な描写や概要図を提供します。これにより、組織のユニット、価値創造の流れ、ITアーキテクチャ、戦略、および業務計画との整合性を通じて、各領域の連携や最適化に関する深い洞察が得られます。

●ビジネスケイパビリティマップの例

戦略	ビジネスプラン	マーケティング	サプライヤ管理
	出店計画	開発管理	アライアンス
コア	生産管理	製品管理	配送管理
	販売管理	店舗管理	購買
サポート	財務管理	教育管理	資材管理
	人事管理	ヘルプデスク	調達管理

　ビジネスケイパビリティモデリングの目標は、対象のビジネスセグメントが現在行っている、または将来、行おうとしているすべてのビジネスケイパビリティを文書化し、その情報を整理することです。ビジネスケイパビリティマップを初めて作成する際には、主要なステークホルダーと対話することが不可欠です。これにより、ステークホルダーからフィードバックを得るだけでなく、説明内容の確認を行うことができます。

　ケイパビリティマップの作成には、**トップダウンアプローチ**と**ボトムアップアプローチ**の2つの方法があります。

◆トップダウンアプローチ

　このアプローチでは、企業全体で最も重要なビジネス能力を特定し、それを詳細に分解します。プロセスは、上級ビジネスリーダーが最上位のビジネス能力の開発を承認することから始まります。この方法は時間を効果的に利用できるものの、シニアエクゼクティブの積極的な支援がなければ成功は望めません。

◆ボトムアップアプローチ

　ビジネスケイパビリティを各ビジネス部門から定義し、ボトムアップで作成します。ただしこのアプローチは強いガバナンスと経営層のサポートがなければ、ビジネス全体で調和をとることが難しくなります。

　多くのケースではトップダウンとボトムアップの組み合わせたアプローチを採ることを推奨します。

　また、ビジネスケイパビリティモデルの初期ドラフトを作成するために参照できる潜在的な情報源として次のものが挙げられます。

- 組織構造
- ビジネスモデル
- 現在の戦略計画、ビジネス計画、財務計画

　多くの場合、組織の構造はビジネス能力に合わせて設計されます。職員はプロセスを実行し、資金、IT、その他のリソースやツールを使用します。このことから、組織図をそのままビジネスケイパビリティモデルに当てはめることができるのではないかと思うかもしれません。

しかし、1つのビジネスケイパビリティの創出や提供に複数のビジネスユニットが関与することは一般的であり、また組織構造はビジネス能力に比べてはるかに変動しやすい性質を持っています。

そのため、ビジネスユニットの名称を最上位のビジネス能力と同一にすることは避けるべきでしょう。

🔷 ビジネスケイパビリティとビジネスモデルの対応

ビジネスケイパビリティは、組織のビジネスモデルを実現するための基盤を提供します。これらをビジネスモデルと連携させることで、組織の活動や投資が全体のビジョンや戦略に沿っているかを確認し、それを保証することができます。ビジネス戦略と計画から戦略的なビジネスケイパビリティを特定することで、組織の競争力、持続可能性、及び将来の成長の見通しの核を見極めることができます。これらの核となるケイパビリティに優先順位を付け、集中することが重要です。ビジネスの財務計画を評価する際には、特に資源を多く消費する新しいビジネスケイパビリティに注目すべきです。

次にビジネスモデルを構造化します。これによってステークホルダが最も重視する、あるいは深く関与するケイパビリティにフォーカスできるようになります。構造化には**階層化**と**レベリング**などの方法があります。

◆ 階層化

ケイパビリティの階層化とは、**ビジネスケイパビリティを上位層、中間層、下位層の3つのカテゴリに分けるプロセス**です。この階層化はモデルを理解しやすくするためのもので、20から30のケイパビリティがある場合には特に有効です。階層化された各層は、異なるステークホルダーに対してそれぞれ異なる視点を提供します。これにより、分析や次のプランニングが容易になります。

具体的には、上位層は経営層が関心を持つ戦略や方向性を、中間層は顧客と直接関わる中核的な要素を、下位層は日々の運営を支えるサポート機能をそれぞれ扱います。

◆ レベリング

レベリングとは、**最上位レベルのビジネスケイパビリティをより詳細に伝達するために、より下位のレベル（聴衆またはステークホルダにとって適切なレベル）に分解**することです。いくつかのビジネスケイパビリティは、モデリングプロセスの一部として分解されますが、他の視点を表現するためにマッピングされる際にのみ明らかになるケイパビリティもあります。

ビジネスケイパビリティを特定して整理することで、その情報をビジネス分析や計画の立案に役立てることができます。たとえば、ビジネスケイパビリティモデルを基にヒートマップを作成することで、より効果的な分析が可能になります。

◆ ヒートマッピング

ヒートマップではさまざまな視点を視覚的に表現することが可能です。たとえば、ビジネスの各ケイパビリティに対して成熟度、効果、実績、そして価値やコスト貢献などを色として定義します。一般的には交通信号の色（赤黄緑）の比喩を使って、注目すべき能力を強調します。

たとえば、ビジネスケイパビリティの成熟度を示すヒートマップでは、望ましい成熟度に達しているケイパビリティは緑色で表示し、成熟度が低いものは黄色、さらに低いものは赤色で示します。また、紫色は「現在は存在しないが将来必要とされるビジネスケイパビリティ」を表します。このように色を使って各ケイパビリティの状況を定義し、存在すべきであるにもかかわらず存在しないケイパビリティがある場合、それは目指すべき状態と現状の間に重要なギャップがあることを示しています。

ビジネスケイパビリティは、ビジネスユニット、バリューストリーム、情報資産、ビジネスアーキテクチャ、ITアーキテクチャなど、他のすべてのドメインと密接に関連しています。これらのケイパビリティを分析しそれに基づいた計画を立案する際には、ビジネスの全体像を理解し、各関連の強みと弱点を評価することが重要です。

ビジネスケイパビリティと他の分野との関係は、**クロスマッピング**の手法を用いて示すことができます。ビジネスプランニングでは、「ケイパビリティと組織のマッピング」と「ケイパビリティとバリューストリームのマッピング」が一般的で有用です。これらのマッピングを通じて、エンタープライズ全体での重複や冗長性を特定することが可能となります。

　また、どの機能が特定のビジネスケイパビリティを持ち、それがどのように活用されているかを理解することで、投資の優先領域を明確にし、情報管理を効果的に改善できます。

●ヒートマッピングの例

	成熟度高	成熟度中	成熟度低 / 新規に必要
戦略	ビジネスプラン	マーケティング	サプライヤ管理
	出店計画	開発管理	アライアンス
コア	生産管理	製品管理	配送管理
	販売管理	店舗管理	購買
サポート	財務管理	教育管理	資材管理
	人事管理	ヘルプデスク	調達管理

バリューストリーム

　バリューストリームは、顧客への価値を提供する流れを川にたとえ、川上から川下へと価値を増加させる活動を表現したものです。バリューストリームの各段階を**バリューステージ**と呼び、必要なケイパビリティを定義し割り当てます。これにより、顧客への価値提供の流れやビジネスゴールとケイパビリティの関係を整理することができます。

🔷 バリュー（価値）とは

　ビジネスアーキテクチャにおいて、「価値」の定義は、単に物質的または金銭的な観点からだけでなく、有用性、利点、利益、望ましさといった広い観点から考慮することが重要です。非金銭的な価値の例としては、要求に応じた製品やサービスの提供、顧客の問題をタイムリーに解決すること、最新情報を通じたより良いビジネス判断などが挙げられます。

　「価値」は、組織が行うすべての活動の基盤です。組織の存在目的の1つは、ステークホルダに価値を提供することです。これはエンタープライズのビジネスモデルの土台であり、エンタープライズが価値を創出、提供、獲得するための理論的な根拠となります。

　ビジネスアーキテクトとエンタープライズアーキテクトは、エンタープライズがステークホルダーにどのように価値を提供するかをモデル化、測定、分析する役割を果たします。

🔷 バリューの分析

　ビジネス価値をモデル化、測定、分析するためのアプローチはいくつか存在します。よく知られているものには、**「バリューチェーン」「バリューネットワーク」「リーンバリューストリーム」**があります。これらのアプローチはビジネスアーキテクチャで使用されますが、それぞれが異なる位置付けを持ち、目的と対象領域も異なります。

　バリューチェーンは経済的価値に重点を置いています。バリューネットワークは価値創出と提供に関与するステークホルダの特定に焦点を合わせています。リーンバリューストリームは主に生産分野のビジネスプロセスの最適化に関しています。

バリューストリームは、顧客やステークホルダからのエンドツーエンドの価値観を作り出すよう設計され、前述の他の手法が提供する財務、組織、運用のモデルよりも、組織のビジネスモデルの実現に密接に関わっています。

🔲 バリューチェーン

バリューチェーンはMichael Porterの著書『Competitive Advantage』で紹介されています。

バリューチェーンは、エンタープライズが戦略的に関連する活動を分解することで、コストと競争力の向上のポテンシャルを理解するためのものです

🔲 バリューチェーンとバリューストリームの違い

バリューチェーンは企業がどのように価値を創出し、経済的利益を得るかを示すフレームワークであり、主にマクロレベルでの分析に適しています。しかし、ビジネスが持つ具体的なケイパビリティ（能力）を理解し、それを効果的に運用して価値を生み出すためには、より細かい分析が必要です。そこで、バリューストリームの概念が重要になります。バリューストリームは、ビジネスプロセスを詳細に分解し、どのようなコアアクティビティがどのようにして価値を生み出しているのかを明確にします。これにより、ビジネスアーキテクトやエンタープライズアーキテクトは、組織のケイパビリティを具体的な活動に紐付け、その活動がステークホルダーにどのような価値を提供しているのかを理解し、最適化することができます。

このように、バリューチェーンとバリューストリームは補完的な関係にあり、どちらも企業が価値を創造し、ステークホルダーに有益な結果を提供するために不可欠なツールです。

バリューストリームは、顧客やステークホルダーに対する価値創出の流れをエンドツーエンドで表すもので、ビジネスがどのようにしてその価値を提供しているかを視覚化し、分析するための強力なツールです。バリューストリームは、すべての価値創出活動を包含し、それぞれの段階で「バリューステージ」という形で明確に区分されます。各ステージは、特定の成果や価値を提供し、その積み重ねによって全体としての価値が形成されます。

06

ビジネスアーキテクト

　バリューストリームが有用なのは、ビジネスリーダーが組織の効率や価値提供のプロセスを評価し、最適化するための基盤を提供する点です。バリューストリームの分析を通じて、どのステージで価値が創出され、どのステージでプロセスが中断や停止する可能性があるかを理解できます。これにより、ビジネスのパフォーマンスを改善し、無駄を削減し、より一貫した価値提供が可能になります。

　たとえば、顧客が商品を購入するまでのプロセスにおいて、バリューストリームの各ステージ（価格確認、購入意思決定、決済など）を詳細に分析することで、どの段階で顧客が離脱しているのかを特定できます。離脱が発生するステージを特定できれば、そのステージの改善が求められるでしょう。

　このように、バリューストリームは、ビジネスプロセスをエンドツーエンドで理解し、効率的かつ効果的に価値を提供するための重要なツールとなります。

ケイパビリティをバリューストリームのステージにマッピングする

　バリューストリーム全体を定義した後の次のステップでは、各バリューストリームのステージを実現するためのビジネスケイパビリティを特定します。このプロセスにより、組織が価値を提供するために持つべき具体的なケイパビリティが明確化され、どのケイパビリティがステークホルダーの期待を満たすために必要不可欠であるかを把握できます。

　このステップでは、次のようなポイントが重要です。

◆ ビジネスケイパビリティの特定

　各バリューステージに対応するために、必要なビジネスケイパビリティを特定します。これにより、ステージごとの価値創出プロセスが明確になり、ケイパビリティとバリューストリームの関係が整理されます。

◆ ステークホルダーの期待を満たすケイパビリティの評価

　各ケイパビリティがステークホルダーに対してどのような価値を提供し、期待をどの程度満たしているかを評価します。これにより、重要度の高いケイパビリティに対してリソースを集中させ、組織の競争力を高めることができます。

◆ 不要なケイパビリティの排除

　バリューストリームに貢献しない、またはステークホルダーに対する価値提供に寄与しないケイパビリティを特定します。これらのケイパビリティは、組織にとってコストやリソースの無駄となる可能性があるため、排除または再評価が必要です。

　このプロセスを通じて、組織はバリューストリームの効率と効果を最適化し、より一貫性のある価値提供が可能になります。また、リソースの適切な配置と無駄の削減により、組織全体のパフォーマンス向上も期待できます。このアプローチは、特にリソースが限られている環境で、持続的な成長と競争優位性を確保するために重要です。

💎 バリューストリームとビジネスケイパビリティモデルの作成順序について

　実践の場では、ビジネスケイパビリティモデルを作成する前に、バリューストリームマップを作成する方が一般的です。ゼロから作成を始める場合は、まずバリューストリームマップを作成することをお勧めします。なぜなら、この方法は迅速に結果を可視化でき、さらにバリューストリームマップがビジネスケイパビリティモデルの構築をサポートするからです。

　まず、適切なステークホルダーや専門家と協力して、バリューストリームマップのドラフト版を作成します。この段階では、具体的なプロセスや役割、情報、技術を特定する必要はなく、主要な活動やステージが一定のビジネスバリューを提供していることを確認します。バリューストリームには、期待するビジネスインパクトや必要なビジネス機能、現状が最適かどうかといった要素が含まれます。

　初回のモデリングを進める中で、全体のエンドツーエンドのバリューストリームを網羅するための専門家が揃っていないことに気付くかもしれません。その場合は、必要な専門家を追加し、モデリングプロセスを繰り返します。

●バリューストリームの例

小売商品の販売

市場調査 ▶ 製品開発 ▶ 製造 ▶ 流通 ▶ 販売

組織マップ

　ビジネスモデルが整理できたら、これをアプリケーションアーキテクチャや
データアーキテクチャとしてシステムの観点で整理していくこととなります。

　ビジネスアーキテクトは最終的に、組織のエコシステムを構築する重要な
組織ユニット、パートナー、ステークホルダグループ、およびそれらの業務関
連性を示す**組織マップ**を開発します。この組織マップは、ビジネスケイパビリ
ティを所有または使用し、バリューストリームに参加しているビジネスユニット
と第三者も表示します。ここにはビジネスケイパビリティの状態を強調するた
めのヒートマッピングが含まれる場合もあります。

● 組織マップの例

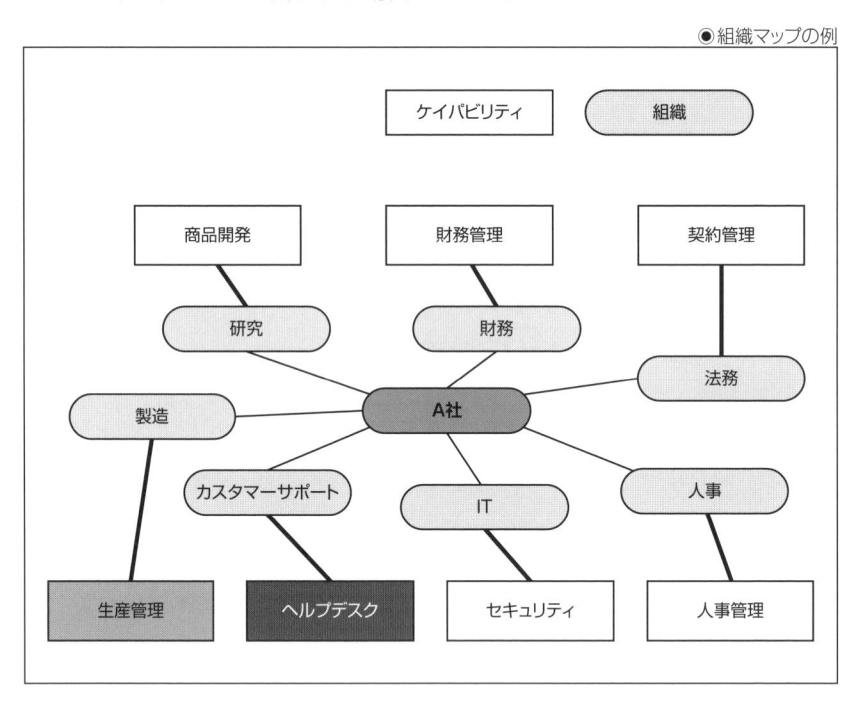

情報マップ

　現代のビジネスにおいて、適切なタイミングで得られる正確な情報は成功に不可欠です。情報を適切に活用する知識は、効果的な意思決定やイノベーション、問題解決、価値創造に寄与します。そのため、アーキテクトはビジネスにとって重要な情報を理解する必要があり、**情報マップ**はその理解を促進するフレームワークを提供します。情報は現実世界の概念的表現として視覚的に表現され、特徴付けられます。これにより、アーキテクトはビジネスの現在および将来の運営方法を詳細に分析でき、情報システムアーキテクチャの設計において重要な入力を提供します。

　情報マップを作成する際は、ビジネスの会話で使われる名詞に注意を払います。これらの名詞が表す情報がビジネスにとって重要かどうかを評価し、その情報をビジネスが認識、保存、または操作する必要があるかどうかを判断します。情報マッピングにより、組織は情報資産を効果的に構築、記述、統合、管理する能力を高め、情報の透明性と価値が向上し、組織全体の効率性が向上します。

●情報マップの例

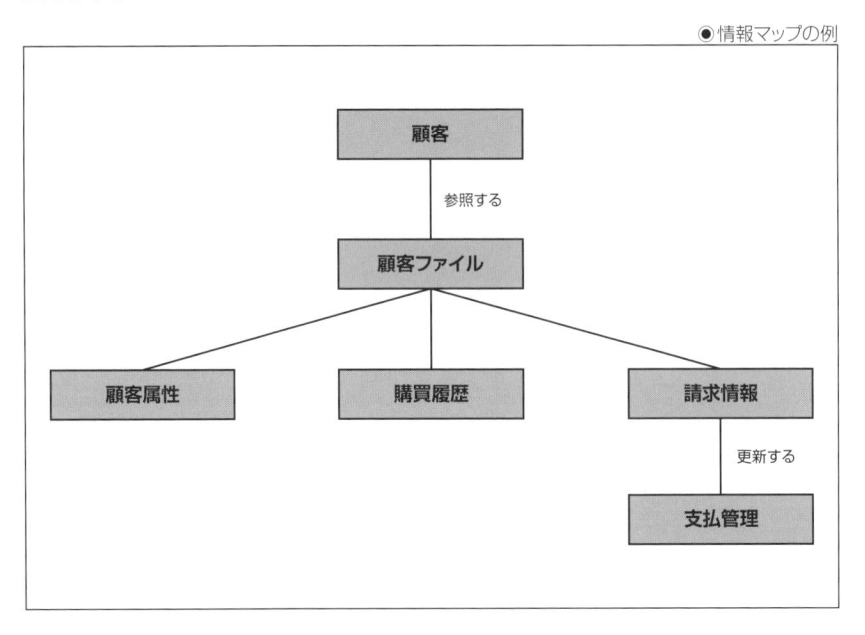

● データモデルとの関係

　データアーキテクトは、ビジネスに特化した情報マップを概念的データに結び付けるための情報源として使用することを考えるかもしれませんが、情報マップとデータが必ずしも同一ではないことを理解する必要があります。データは基本的に概念的であり、直接的にデータスキーマに変換されるわけではありません。そのため、データモデルとビジネス概念の間の関連性を明確に示すことが重要です。このプロセスは、データアーキテクチャの設計とビジネス要件の整合性を保つのに役立ちます。

ビジネスシナリオ

ビジネスシナリオは、アーキテクチャが対応しなければならない**ビジネス要件の特定と理解を助けるための技法**です。良いビジネスシナリオは、重要なビジネスのニーズや問題を明確に表現し、ベンダーが顧客にとってのソリューションの価値を理解できるようにします。

ビジネスシナリオは次の要素を記述します。

- ビジネスプロセス、アプリケーション、またはアプリケーションのセット
- ビジネスとテクノロジーの環境
- シナリオを実行する人間とコンピューティングコンポーネント（アクター）
- 適切な実行の結果として生まれる成果

ビジネスシナリオ手法は、後述するエンタープライズアーキテクチャ策定のメソドロジーであるTOGAFにおいて、特にアーキテクチャビジョンの策定時に活用されます。この手法は、ビジネス要件の定義や、ビジネスマネジメントと他のステークホルダーとの合意形成を支援するために使われます。

ビジネスシナリオの作成方法

ビジネスシナリオは次の手順で作成します。

1. 問題を特定し、文書化し、順位付けを行う。
2. 問題が発生しているビジネスと技術の環境を高レベルなアーキテクチャモデルとして文書化する。
3. 目指すゴールを特定し、文書化する。また、問題に対処した結果を記述する。
4. ヒューマンアクター（参加者）とビジネスモデル上の位置を特定する。
5. コンピュータアクター（コンピューティングエレメント）とそれらのテクノロジーモデル上の位置を特定する。
6. 目的に対する適合性を確認し、必要であれば精緻化する。

　ビジネスシナリオは、数々のフェーズを経て詳細化されます。各フェーズは計画策定、情報収集、収集した情報の分析、結果の文書化、そしてビジネスシナリオの結果をレビューするステップから成り立っています。各フェーズでは、ビジネスシナリオの各要素が順次更新されます。

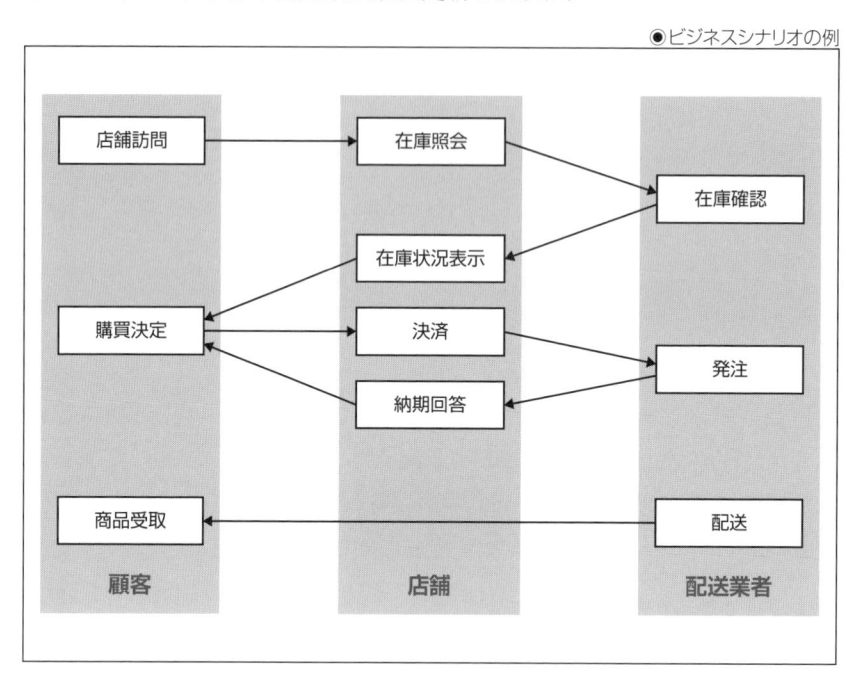

◉ビジネスシナリオの例

🔷 ビジネスシナリオワークショップ

　ビジネスシナリオワークショップを開催することで**情報収集を効率的に行う**ことができます。ファシリテータ（進行役）は、ビジネスの代表者を集めた小規模なグループを複数の質問を通じてリードし、アーキテクチャ活動に関連する問題の周辺情報を集めます。ワークショップの参加者は、ビジネスサイドと技術サイドから適切なレベルの人を適切に選び参加を依頼します。オープンで正直な情報を提供する人を巻き込むことが重要です。

　ビジネスシナリオのドラフト版がすでに存在する場合、ワークショップはその状態をレビューすることもできます。

ビジネスアーキテクチャの検討例

　クレイジー・クラスト社を例にビジネスアーキテクチャがどのように検討されるかを確認してみましょう。

　まず、クレイジー・クラスト社にとってのビジネスアーキテクチャとは何でしょうか。それはクレイジー・クラスト社のビジネス戦略、ゴールを達成するためのビジネス観点での構造ということになり、具体的には顧客に価値を提供するためのバリューストリーム、バリューストリームを支えるケイパビリティ、ケイパビリティを形作るビジネス機能といったことになります。

　具体的なプロセスとしては、次のステップが考えられます。

🔹 ステップ①〜ビジネスモデルキャンバスの活用

　まず、クレイジークラスト社のビジネスモデル全体を理解するために、ビジネスモデルキャンバスなどのツールを活用します。たとえばビジネスモデルキャンバスでは、次の要素を整理します。

●ビジネスモデルキャンバスでの要素の整理

要素	説明
顧客セグメント	クレイジークラスト社がターゲットとする顧客群
価値提案	顧客に提供する価値やサービス
チャネル	価値を顧客に届ける手段
顧客関係	顧客との関係構築方法
収益の流れ	どのように収益を得るか
主要リソース	ビジネスを運営するために必要なリソース
主要活動	価値を提供するために必要な活動
主要パートナー	ビジネスを支援する外部のパートナーや供給元
コスト構造	ビジネスを運営する上で発生するコスト

🔹 ステップ②〜バリューストリームの作成

　次に、バリューストリームを作成します。バリューストリームは、顧客に価値を提供するためのフローを視覚化したもので、各ステージでどのような価値が創出されるかを明確にします。クレイジー・クラスト社の場合、たとえば「新しいピザの開発から販売まで」というバリューストリームが考えられます。このプロセスには、レシピ開発、サプライチェーン管理、マーケティング、販売といったステージが含まれるでしょう。

🔹 ステップ③〜ケイパビリティの識別とマッピング

バリューストリームを支えるために必要なケイパビリティを識別し、それらを整理します。ここでは、各バリューステージでどのようなケイパビリティが必要かを明確にし、そのケイパビリティを担当するビジネス機能を特定します。さらに、これらのケイパビリティがどの組織に属するべきかを組織マップで可視化します。

たとえば、クレイジー・クラスト社では、ピザ開発のケイパビリティはR&D部門が、サプライチェーン管理のケイパビリティは物流部門が担当することになるでしょう。

🔹 ステップ④〜アプリケーションアーキテクチャとデータアーキテクチャの設計

ビジネスアーキテクチャが明確になったら、それを実現するためのアプリケーションアーキテクチャやデータアーキテクチャの設計に進みます。ここでは、どのようなITシステムやアプリケーションが必要か、それらがどのようにデータを扱うかを設計します。

たとえば、注文管理システム、在庫管理システム、顧客関係管理（CRM）システムなどが考えられます。

このように、クレイジー・クラスト社では、ビジネスモデルキャンバス、バリューストリーム、ケイパビリティマッピングなどのツールを使ってビジネスアーキテクチャを構築し、その後、アプリケーションアーキテクチャやデータアーキテクチャの設計へと進むことで、ビジネス戦略と目標の達成を目指します。このプロセスは、ビジネスとITの整合性を保ち、企業全体の競争力を高めるために重要です。

● クレイジー・クラスト社におけるビジネスモデルキャンパスの例

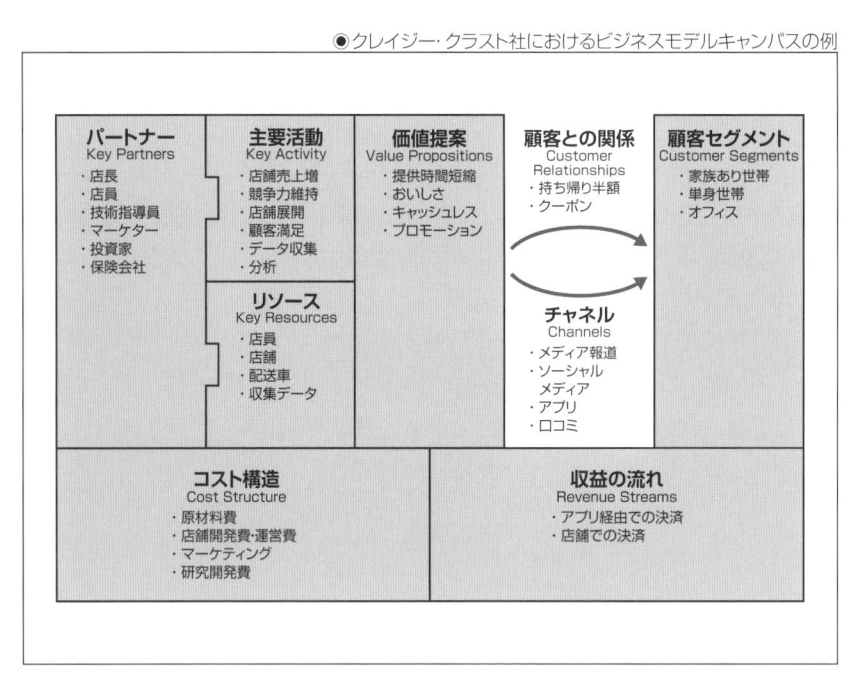

● クレイジー・クラスト社におけるバリューストリームの例

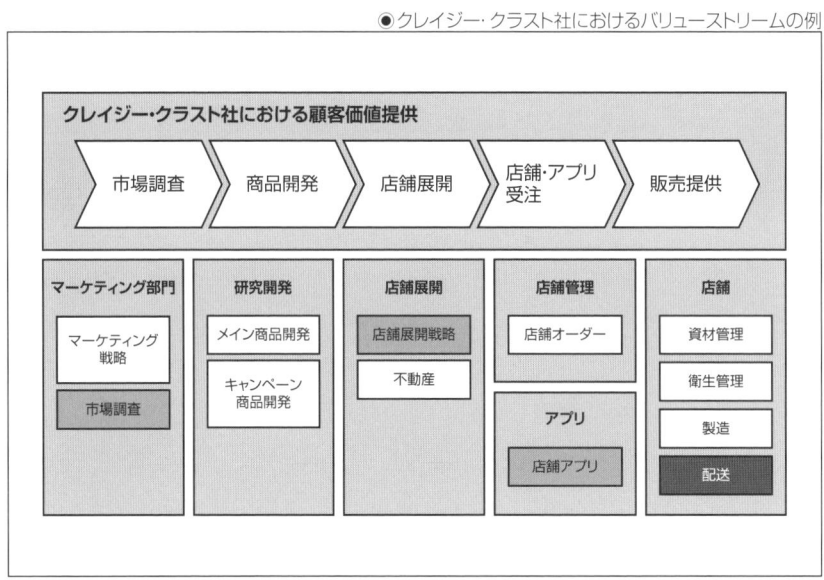

本章のまとめ

　ここでは、ビジネスアーキテクチャの概要、ビジネスアーキテクトに求められるスキル、そしてビジネスモデルやバリューストリームなどの主要な概念について説明しました。また、TOGAFにおけるビジネスアーキテクチャの位置付けについても触れました。

　一般的に、「アーキテクト」という言葉からは、テクノロジー、データ、アプリケーションといった領域が連想されがちですが、ビジネスアーキテクトの役割は、ビジネス戦略、組織、ケイパビリティの分析を通じて、ビジネスゴールを達成するための方法をデザインすることにあります。

CHAPTER
07
エンタープライズ
アーキテクト

本章の概要

　本章ではエンタープライズアーキテクチャ(EA)およびそれを
デザインするエンタープライズアーキテクトについて概説しま
す。EAとは、企業や組織団体など(エンタープライズ)の業務プ
ロセスや情報システムなどを標準化し、全体最適化を進め、効率
よい組織を生み出すための設計手法です。

エンタープライズアーキテクチャ とは

皆さんはエンタープライズアーキテクチャという言葉を聞いたことがあるでしょうか。

これまでは、個別のシステムやサービスの設計や構造について説明してきました。こういった個々のシステムやサービスに関するアーキテクチャは「ソリューションアーキテクチャ」と呼ばれます。

一方で、**「エンタープライズアーキテクチャ」は、企業全体におけるポリシーや基本原則を定め、エンタープライズ全体が最適なIT投資を行い、ビジネス目標を達成できるように全体のアーキテクチャを設計する活動**を指します。

たとえば、百貨店をイメージしてみてください。それぞれの店舗では、商品の販売、資金の管理、お客さんとのコミュニケーション、従業員の配置など、店舗ごとの利益を追求するためにさまざまな活動を行っています。

エンタープライズアーキテクチャは、こうした各店舗がスムーズに運営できるように、百貨店全体のデザインを考えます。具体的には、店舗を結ぶ広く明るい通路や、休憩スペースなど、ビル全体として必要なシステムやプロセスを設計することを指します。

🔲 エンタープライズアーキテクチャの主な目的

エンタープライズアーキテクチャの主な目的は次の通りです。

◆ ビジネス目標の達成

エンタープライズアーキテクチャは、ビジネス戦略とビジョンを理解し、それを実現するためのシステムとプロセスを設計します。これにより、組織は効果的かつ効率的にビジネス目標を達成することができます。

◆ システムの統合

エンタープライズアーキテクチャは、組織内の異なるシステムやプロセスを統合するための手法やベストプラクティスを提供します。これにより、情報の一貫性や効率性を向上させることができます。

◆ 変更管理

エンタープライズアーキテクチャは、組織が変化に対応するための柔軟な
システムとプロセスを設計するための手法を提供します。これにより、組織は
迅速に変化に適応し、競争力を維持することができます

たとえば、あなたがある企業の社長だとします。まず、経営理念やビジネス
ゴールを定義し、それをどのようにシステムを活用して実現するかを考える必
要があります。このとき、ビジネスゴールを達成するために、ビジネスアーキ
テクチャを構築し、それを支えるデータ、アプリケーション、テクノロジーを階
層的かつ全体的に俯瞰して考える必要が出てきます。

このプロセスを行き当たりばったりで進めるのではなく、構造的に考えられ
る枠組みやテンプレート（これを**フレームワーク**と呼びます）を提供するのが
エンタープライズアーキテクチャの役割です。

●エンタープライズアーキテクチャの概要

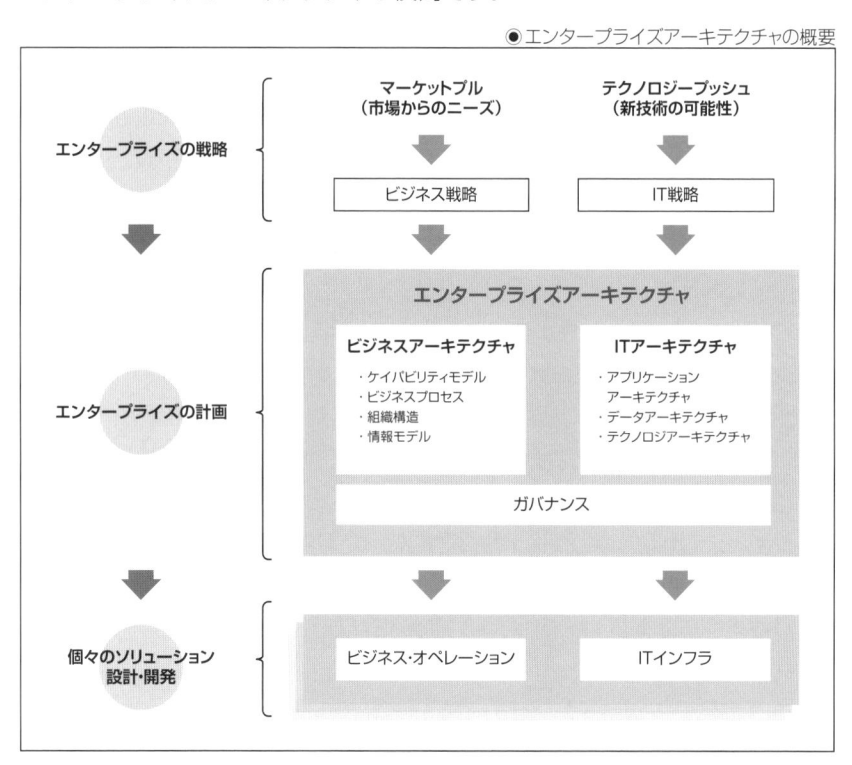

エンタープライズアーキテクチャ の歴史

エンタープライズアーキテクチャの概念は、1987年にIBMのコンサルタントであるジョン・ザックマン(John A. Zachman)氏によって提唱されたザックマンフレームワークにその起源を持ちます。**ザックマンフレームワーク**は、情報システムの設計を体系的に行うためのフレームワークとして開発されましたが、1992年にはその概念が拡張され、組織全体を対象とするフレームワークへと進化しました。

ザックマンフレームワークは、**EAP(Enterprise Architecture Planning)**として、企業組織の活動や運営を最適化し、組織の成果を最大化するための方法論として確立されました。このフレームワークは、特に米国の政府機関や大規模組織で広く採用され、エンタープライズアーキテクチャの基本的な考え方とアプローチを提供しました。

EAPが発展する中で、米国連邦政府はエンタープライズアーキテクチャのフレームワークとして**FEAF(Federal Enterprise Architecture Framework)**を導入しました。FEAFは、連邦政府全体の情報技術システムを統合し、効果的に管理するためのガイドラインを提供します。これにより、政府機関間でのシステムの互換性を高め、重複を排除し、コストの削減や効率化を図ることが可能となります。

エンタープライズアーキテクチャの概念は、米国国防総省においても採用され、**DoDAF(Department of Defense Architecture Framework)**が開発されました。DoDAFは、国防総省の戦略的目標や要件を満たすためのアーキテクチャの開発を支援し、国防組織全体の業務プロセスや情報システムの統合を図るためのフレームワークです。このフレームワークは、複雑な国防ミッションを支えるためのシステム設計において重要な役割を果たします。

これらのフレームワークは、エンタープライズアーキテクチャの標準化を促進し、さまざまな業界や政府機関におけるEAの実践において、共通の言語と手法を提供しました。エンタープライズアーキテクチャは、単なる技術フレームワークに留まらず、組織全体の運営効率を最大化するための包括的な方法論へと進化していったのです。

●エンタープライズアーキテクチャの歴史

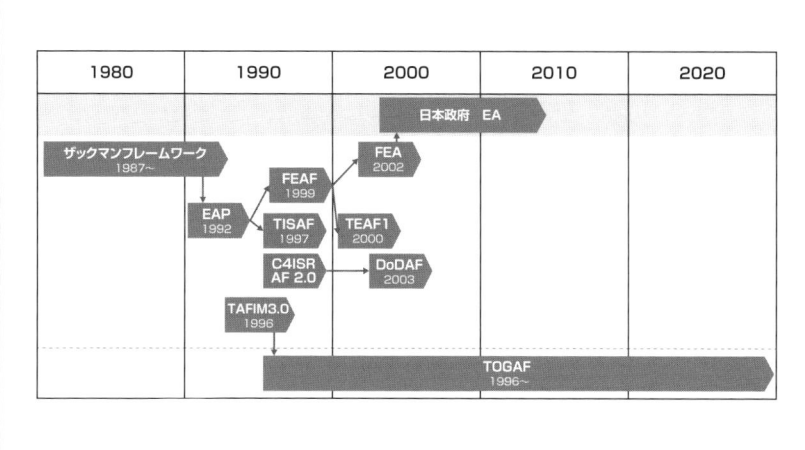

　これらの活動は日本にも大きな影響を与えました。特に2000年代初頭には、日本政府でもエンタープライズアーキテクチャ標準策定の動きが見られました。当時は多くのIT案件がブラックボックス化している状況が問題視され、その対策として調達における技術点重視、近代的なプロジェクト管理の導入、アーキテクチャの導入、CIO補佐官制度の導入などが実施されました。

　そこで米国連邦政府のIT調達改革をふまえ特にエンタープライズアーキテクチャの概念が、経営戦略やビジネスプロセスの設計情報技術の活用など組織の成果を最大化するための方法論として、日本でも重要視されるようになりました。

　そして2003年、問題意識を強く持った経済産業省とITベンダと監査法人が中心となり**EA策定ガイドライン**という形で日本版エンタープライズアーキテクチャが作られました。

　この日本版エンタープライズアーキテクチャは、政府機関のみならず、民間企業においても採用が進み、組織のIT戦略と業務プロセスの最適化に貢献しました。また、エンタープライズアーキテクチャの概念は、デジタル化が進む現代において、ますます重要性を増しており、日本でもその適用範囲が拡大しています。

　現行のエンタープライズアーキテクチャのフレームワークで主流となっているのは、**TOGAF(The Open Group Architecture Framework)**と呼ばれる標準です。

　TOGAFは1996年以降改訂を繰り返し、2022年にはバージョン10がリリースされ、これまでに蓄積された知識と実践が反映された、より強力で柔軟なフレームワークとなっています。ベンダー中立の視点から標準化されたエンタープライズアーキテクチャのフレームワークであり、企業に対して正しいアーキテクチャの設計、評価、実行を可能にする手法となっています。

　これらの手法やフレームワークは、エンタープライズアーキテクトにとって重要なツールとなっており、効果的なエンタープライズアーキテクチャの開発と管理を支援しています。それぞれの手法やフレームワークは、異なる組織や業界に適用できるように柔軟性があり、最新の技術動向やビジネスニーズにも対応しています。

🌐 ザックマンフレームワークについて

　ザックマンフレームワーク(Zachman Framework)は、複雑な組織を体系的に分析把握できるフレームワークです。このフレームワークは、6行6列のマトリックスを使用して、対象システムの内容や関連する人々などの情報を網羅的に定義俯瞰することができます。

　1980年代に登場したこの考え方は企業組織を俯瞰するアーキテクチャを検討したりガバナンスを確立するための手法として広く受け入れられ、その後のエンタープライズアーキテクチャ標準のベースとなっていますが、このコンセプト自体はシンプルであり今日でも有効であるためこれを活用、もしくはTOGAFなど他のフレームワークと組み合わせたエンタープライズアーキテクチャの検討も可能です。

●ザックマンフレームワークの例

	Data What	Function How	Network Where	People Who	Time When	Motivation Why
Objective/ Scope Contextual Role:Planner	List of things important in the business	List of Business Processes	List of Business Locations	List of Important Organizations	List of Events	List of Business Goal & Strategies
Enterprise Model Conceptual Role:Owner	Conceptual Data/ Object Model	Business Process Model	Business Logistics System	Workflow Model	Master Schedule	Business Plan
System Model Logical Role:Designer	Logical Data Model	System Architecture	Distributed System Architecture	Human Interface	Processing Structure	Business Rule Model
Technology Model Physical Role:Builder	Physical Data/ Class Model	Technology Design Model	Technology Architecture	Presentation Architecture	Control Structure	Rule Design
Detailed Representation Component Role:Programmer	Data Definition	Program	Network Architecture	Security Architecture	Timing Definition	Rule Speculation
Functioning Management Role:User	Usable Data	Working Function	Usable Network	Functioning Organization	Implemented Schedule	Working Strategy

07

エンタープライズアーキテクト

167

エンタープライズアーキテクトに求められるスキル

エンタープライズアーキテクチャを策定するアーキテクトを「エンタープライズアーキテクト」と呼びます。そのエンタープライズアーキテクトに求められるスキルは次のようになります。

🔵 広範な知識と経験

エンタープライズアーキテクトは、ビジネスとテクノロジーの両方の側面を理解し、統合する必要があります。また、優れたコミュニケーション能力も重要です。エンタープライズアーキテクトは、異なるステークホルダーと協力し、ビジネスの目標を達成するために効果的なエンタープライズ全体のアーキテクチャを提案する役割を果たします。

🔵 問題解決能力

エンタープライズアーキテクトは、複雑なビジネスの課題に取り組み、それを分類整理することで個別の課題に解きほぐし、ソリューションアーキテクトがそれらを個別に解決できるように全体を整理します。また、リーダーシップ能力も必要です。エンタープライズアーキテクトは、プロジェクトチームを指導し、ビジョンを共有し、成果を達成するために他のメンバーを指導する役割を果たします。

🔵 テクニカルスキル

エンタープライズアーキテクトは、ビジネスの要件を満たすために最適なテクノロジーソリューションを選択し、設計する必要があります。また、最新の技術動向についても常に学習し、情報を最新の状態に保つ必要があります。

エンタープライズアーキテクチャの概要について述べてきましたが、これよりエンタープライズアーキテクチャの中身について説明していきます。それにはエンタープライズアーキテクチャのフレームワークにおいて現在デファクトスタンダードであるTOGAFについて紐解いていくのがよいでしょう。

TOGAFの概要

　TOGAFとは次世代IT標準化を推進するグローバルな標準団体のThe Open Groupが開発展開しているアーキテクチャフレームワークで、「The Open Group Architecture Framework」の略です。

　TOGAFは、「ベンダー中立の視点から標準化された、企業に対して正しいアーキテクチャを設計、評価、実行を可能にする包括的なアーキテクチャフレームワークとして開発されたEA手法」であると定義されています。

　TOGAFはベストプラクティスに基づいており、さまざまなビジネスニーズに適用できる汎用的な手法です。この手法は、**特定の状況に合わせて柔軟に適用**することができます。また、TOGAFには充実したガイドやリファレンスがあり、これらの資料を活用することで効果的な活用が可能です。

　さらに、TOGAFには認定プログラムがあります。TOGAFスキル保有認定者になることで、自身の知識と能力を証明することができます。また、TOGAFを使用するためのライセンスは、社内利用の場合は無料で提供されています。これにより、組織内でのTOGAFの活用が容易になり、より効果的なビジネス戦略の策定や実行が可能になります。昨今、ベンダーニュートラルなTOGAFを自社のエンタープライズアーキテクチャ（EA）を確立するための手法として適用するケースが増えています。TOGAFはデファクトスタンダードとして広く認知されており、エンタープライズの変革や変化への対応に役立つフレームワークです。

　TOGAFのようなアーキテクチャ計画策定統制のための概念的な構造をアーキテクチャフレームワークと呼びます。こういったアーキテクチャフレームワークは先ほどのザックマンフレームワークをはじめ数多く存在しますが、全世界で最も認知され使用されているのがTOGAFということになります。

● The Open Groupとは

The Open Group（以降、オープングループ）は、**技術標準を通じてビジネスの目的を達成しようとするグローバルなコンソーシアム**であり、世界中のさまざまなセクターにまたがる870以上の会員組織を有しています。この会員組織は、ITコミュニティの顧客、システムおよびソリューションプロバイダ、ツールベンダ、インテグレータ、コンサルタント、学者および研究者など、多様なバックグラウンドを持つメンバーで構成されています。

オープングループは、企業・団体の垣根を超えた情報フローの創造を推進するミッションを掲げています。このミッションの達成のために、技術標準の策定や開発プロセスの改善、セキュリティの向上など、さまざまな取り組みを行っています。

また、オープングループはグローバルな視野を持ちながら、地域ごとのニーズや文化にも配慮した活動を行っています。地域ごとのワーキンググループやイベントを通じて、メンバー間の協力や知識共有を促進し、地域社会や産業の発展に貢献しています。さまざまなセクターの専門知識と経験を集約し、協力関係を築くことで、オープングループはビジネスの課題を解決し、新たな価値を創造しています。

● TOGAFの構成（TOGAFバージョン10の場合）

TOGAFは大きく次の2つのパートから構成されています。

◆ TOGAF Fundamental Content

TOGAFの基礎となる文書であり、下記を含みます。

- 導入とコアコンセプト
- アーキテクチャ開発手法（ADM、Architecture Development Method）
- ADMテクニック
- ADM適用ガイド
- アーキテクチャコンテンツ
- エンタープライズアーキテクチャケイパビリティとガバナンス

◆ TOGAFシリーズガイド

TOGAFを理解、使用する上で参考となるガイドであり、下記を含みます。

- ビジネスアーキテクチャ
- 情報アーキテクチャ
- セキュリティアーキテクチャ　など

● TOGAF標準の構成

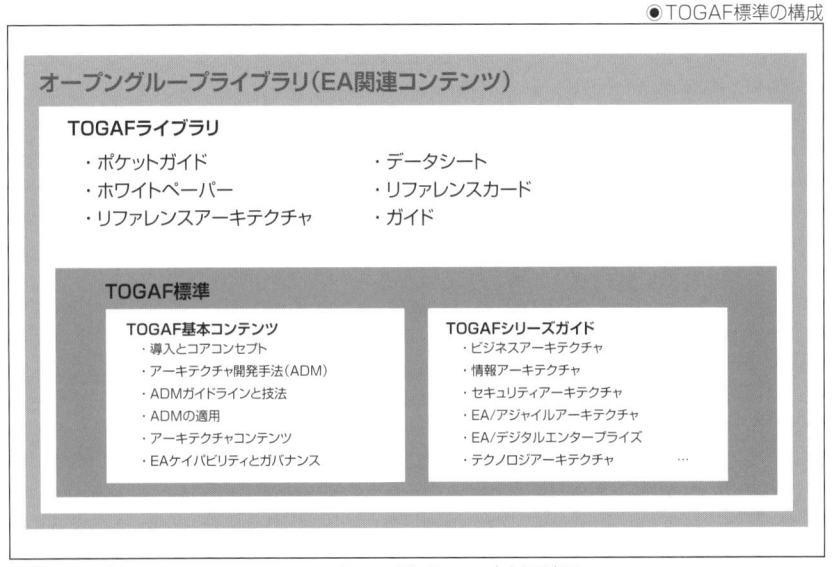

※「https://www.opengroup.org/togaf®-library」より引用

　TOGAFを理解するためには、まず基本コンテンツを理解する必要があります。特にその中でも**ADM（Architecture Development Method）と呼ばれるアーキテクチャ開発手法がエンタープライズアーキテクチャ策定の手順について詳細に書かれたコア文書**となります。

　そのため、まずはこのADMを中心に全体を理解するとよいでしょう。その後、必要に応じてシリーズガイドを参照することを推奨します。

07

エンタープライズアーキテクト

🧊 TOGAF ADMとは

ADM（Architecture Development Method）とは、エンタープライズアーキテクチャを開発するためのフレームワークであり、エンタープライズのビジネスニーズに基づいてアーキテクチャを計画、設計、実装、管理するための手法やプロセスを提供します。TOGAF ADMは、エンタープライズアーキテクチャの開発のための一連のフェーズで構成されており、ビジネスニーズの理解、アーキテクチャのビジョンの策定、アーキテクチャの詳細設計、実装、監視などのステップが含まれています。TOGAF ADMは、エンタープライズアーキテクチャの効果的な開発と管理に役立つフレームワークです。

TOGAF ADMは柔軟な手法であり、組織やプロジェクトに合わせて適切に調整することが求められます。繰り返しの判断やエンタープライズの状況に合わせた適用方法・範囲の調整（これをテーラリングと呼びます）の必要性、アウトソースされた状況での調整、フェーズの順序の変更など、さまざまな要素を考慮しながら、効果的なエンタープライズアーキテクチャの開発と実施を行っていく必要があります。

●TOGAF ADMの概要

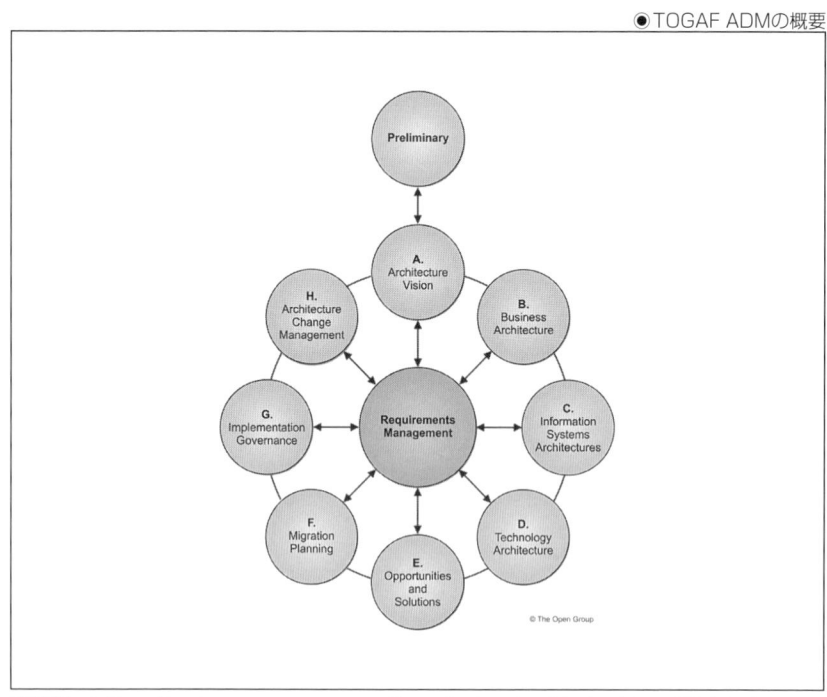

※出典 : https://pubs.opengroup.org/togaf-standard/adm/chap01.html

🔹 ADMのポイント

ADMは繰り返し型のプロセスです。このプロセスは手法全体やADMサイクル内の個別のフェーズ間、さらにはADMサイクル内の個別のフェーズ内のステップ間で繰り返されます。各繰り返しでは、対象範囲深さなどを明確化し、スコープや詳細化のレベル、目標とする時間軸（今から何年後の将来を描くのか）を設定します。また、利用可能なリソースや力量に基づいて現実的に得られる価値に応じて繰り返しの判断を行います。

TOGAF（ADM）を他のEAフレームワークと組み合わせて使用する場合、適応（テーラリング）が必要です。ADMは幅広く利用可能な汎用的な手法であり、適応が必要な状況に対応します。また、ADMはコーポレートガバナンスモデルの構築のためのプロセスであり、他のプロセスと組み合わせて適用する必要があります。

ADMフェーズは通常、初期フェーズ→フェーズAと順番に推移しますが、状況により順序が変更される場合もあります。たとえば、「システムを迅速に導入して市場変化に素早く対応するため、パッケージを採用し、それに合致するようにビジネスプロセスを調整する」というビジネスプリンシプルが存在する場合、ビジネスアーキテクチャ作業はISアーキテクチャ/テクノロジーアーキテクチャの後に行われます。

先ほどの図にある「でんでん太鼓」のようなものがADMのサイクルを図式化したものです。それぞれの丸がフェーズで、フェーズごとにいろいろな作業を行います。

冒頭にADMは繰り返し型と述べましたが、これらのフェーズの中でも繰り返しが発生します。たとえば初期フェーズとフェーズAの間は矢印が行ったり来たりしていますが、これはこの間で繰り返しが発生することがある、ということを示しています。

初期フェーズは準備のフェーズです。エンタープライズアーキテクチャを策定するための能力（ケイパビリティ）を定義し、体制を整えます。

フェーズAではアーキテクチャビジョンを作成します。アーキテクチャビジョンとはアーキテクチャ全体を俯瞰した概要図です。これは「エレベーターピッチ」という言葉でよくたとえられ、経営者がエレベーターで移動する1分程度の時間でさっと一読し内容を理解できる、全体が整理されまとまった一枚物の図表をイメージいただければいいかと思います。

　フェーズB・C・Dではアーキテクチャのモデリングを行います。エンタープライズアーキテクチャは通常4つのドメインの集合体として表現され、それぞれ「ビジネスアーキテクチャ：BA」「アプリケーションアーキテクチャ：AA」「データアーキテクチャ：DA」「テクノロジーアーキテクチャ：TA」と名付けられています。

●エンタープライズアーキテクチャのドメイン

ドメイン	説明
BA	企業全体の組織構造や役割などを定義し、業務プロセスや情報をモデル化したもの。現在および将来のビジネス内容を反映した、企業のビジネスそのものの構造を表現したもの
AA	業務プロセスを支援するシステムの機能と、その能力（ケイパビリティ）を定義したもの。ビジネスの実現方法を記述し、業務の視点からシステムの役割と機能をまとめたもの
DA	データとその属性情報を定義したもの。データそのものだけではなく、再利用性やセキュリティ、品質といった、付帯する多様な属性を記述する。それぞれのデータがどこで発生し、どう処理され、いつ消去されるのか、といったことも明らかにする
TA	情報システムを安定的に構築運用拡張するために必要なIT基盤を定義したもの。性能やセキュリティ要件、標準化動向、技術の将来性などから、企業全体の「技術標準」を設定し、新たに採用する技術や製品が全体最適に合致しているかどうかの評価基準とする。新しいニーズに適応するための新技術を標準に追加するなど、EAの内容を変更するきっかけにもなる

　フェーズBではBAを、フェーズCではAAとDAを、フェーズDではTAをモデリングしていきます。AAとDAは合わせて**情報システムアーキテクチャ**（Information Systemアーキテクチャ：ISアーキテクチャ）と呼ばれることもあります。これらのフェーズでは異なるアーキテクチャドメインを扱いますが、同じようなステップで進めます。

　まず、ベースラインアーキテクチャ（現状のアーキテクチャ）確認し、次にフェーズAのビジョンに沿ってターゲットアーキテクチャ（将来目指すアーキテクチャ）を具体化します（それぞれのドメインごとに）。そして、ベースラインとターゲットアーキテクチャの間のギャップを分析し、足りないものを識別します。これらの足りないものは新たに作成する必要があります。

　この新たな作成物は、次のフェーズで策定するアーキテクチャロードマップ（ビジョンで定めたアーキテクチャ将来像の完成に向けた路程）に組み込まれます。

　フェーズEおよびFでは実装に向けたプランを作成します。フェーズEでは、中長期（3年〜5年、10年）の個々のシステム設計やプロジェクトのプランニングを行いながら、ドメイン間の考慮も含めて全体としての実装計画を定めていきます。また、アーキテクチャ全般に渡る段階的な決定もラフに行います。フェーズFでは、具体的なスケジュールやアーキテクチャの実装を製品のレベルまで詳細化します。具体的なプランを策定し、アーキテクチャ開発に一段落をつけます。EからFでは、時折フェーズを行き来することもあります。

　フェーズGは実装ガバナンスです。このフェーズでは、設計したものを実際に実装するため、個々のプロジェクトが設計通りに進んでいるかをチェックし、ガバナンスします。このフェーズが完了し、想定したビジョンが実現した場合、それが新しいベースラインとなり、必要であれば次のADMサイクルが開始されることとなります。

　フェーズHはアーキテクチャ変更管理です。作成したアーキテクチャが予定通りに使用されているかを監視します。

　このようにして、ADMサイクルを回しながらエンタープライズアーキテクチャを策定または修正し、企業の目指すビジネスゴールを追求することがADMの利用方法となります。ADMは普遍的なアーキテクチャのライフサイクル管理手法であり、他のモデリング手法（例：ザックマンフレームワーク）とも親和性があります。また、業界標準のフレームワークを容易に取り込むこともできるため、随時エンタープライズの状況に合わせてテーラリングすることが推奨されています。たとえば、米国政府のFEAFや国防省のDoDAFのように、特定分野ごとにさまざまなフレームワークがあるのでそれらと合わせ、またエンタープライズの成熟度に応じてテーラリングしながら使用することとなります。

　エンタープライズを定義するとき、全体を一体として見るか、分割し「連邦」として捉えるかの2通りの考え方があります。特に大企業では連邦型でEAを考えることが多く、たとえばグローバル企業の場合、ローカルなアプリケーションやテクノロジーアーキテクチャに関しては各国に任せ、会計など全体統括すべき領域については統合して考えるといった対処が必要となります。こういった場合に「連邦型アーキテクチャ」として捉え、BA、AA、DA、TAのどこを分割してガバナンスをかけるか、などといったスコープの定義を最初に行っておく必要があります。

　要件管理はでんでん太鼓の真ん中にあり、各フェーズに跨がってエンタープライズアーキテクチャ全体としての要件を管理します。ADMでの各フェーズでさまざまな要件が出てきますが、ここの要件管理で全体を通じた要件管理を行い、トレーサビリティを担保します。アーキテクチャ設計の中では、これまでに作成したアーキテクチャを変更しなければ対応できないこともあります。

　そういった場合の変更管理や、エンタープライズアーキテクチャを長く使い続けることで世の中に起きる環境変化などへ対応することも行います。

　ここでエンタープライズアーキテクチャの範囲で対応できない変化が発生してしまった場合には、新たに次のADMサイクルを始めて次のエンタープライズアーキテクチャを策定しなければならないこともあります。

🔷 スコープについて

　エンタープライズアーキテクチャが対象とする範囲（スコープ）についても調整が必要です。次のように**詳細度**や**時間軸**といったスコープを取り決めておく必要があります。

◆「詳細度」について

　EAの使用目的、どういった意思決定をしたいのかによって調整する必要があります。ここで重要なのは現状（ベースライン）のアーキテクチャと将来目指す（ターゲット）アーキテクチャの詳細度が同じである必要はないということです。

　重要なのはこれから設計しようとしているターゲットアーキテクチャであり、これを必要なリソースを含め、どこまで詳細化するかを検討する必要があります。

◆「時間軸」について

　目指すエンタープライズアーキテクチャの完成時期について、ビジネスオーナーや主要なマネジメント（ステークホルダ）と事前に合意しておくことが重要です。なぜなら、5年後を目指すのか、10年後を目指すのかで戦略が大きく変わるからです。

　また、長期的なプランを策定する場合でも、1年ごとなど短期的もしくは段階的に成果が得られるようなプランにしておくことが必要です。なぜなら、10年後まで価値が生まれない計画では、ビジネスオーナーの協力を得ることが難しく、実現可能性も低くなるからです。

ADMの概要

下記にADMの各フェーズの概要を説明します。

🔷 初期フェーズ

初期フェーズの目的は、組織が望むアーキテクチャケイパビリティを決定することです。ここでのアーキテクチャケイパビリティとは、アーキテクチャを実現するための「能力」を指します。この「能力」をさらに具体的に表現すると、「企業が組織の力を活かして達成できること」ということです。ビジネスゴールを達成するためには、顧客に価値を提供する必要がありますが、その価値を実現するためにさまざまなケイパビリティを発揮する必要があります。

アーキテクチャケイパビリティに関して、実務的にはアーキテクチャ策定作業そのもの以外のケイパビリティも必要とします。具体的には財務管理パフォーマンス管理サービス管理リスク管理など、アーキテクチャ策定作業を組織的に実行するための「お膳立て」も必要となります。またEAを進めるにあたっての組織の文化がどのようなものであるかも理解する必要があります。

上記を踏まえ、初期フェーズでは次のことを順序立てて進めることが必要です。

◆ エンタープライズの定義

エンタープライズとしてどこを対象とするかを決めることで誰がステークホルダであるかも決まり、アーキテクチャ策定作業のスポンサーも明確になります。

◆ 組織における主要なドライバ（ビジネスを牽引する要素）の特定

市場トレンドや経済的要因をもとに、組織が置かれたビジネス環境を分析します。併せて、組織の強みや弱み、リソース、ケイパビリティについての内部評価も行います。さらに、顧客のニーズや競合他社を考慮し、主要なドライバを特定します。また、技術やイノベーションの要因、法的および規制、財務的要因による制約事項も整理します。

◆ アーキテクチャ作業での要件の定義

現状のアーキテクチャがどのようになっているのか、組織のスキル保持状況、ケイパビリティなどがどうなっているかを確認します。

◆ アーキテクチャプリンシプルの定義

プリンシプルとは「原理原則」を意味し、誰もが従うべきルールを定めたものです。プリンシプルがないと、どのような基準でアーキテクチャを作成すればよいのか、皆が迷ってしまいます。そのため、まず基本的な考え方をしっかりと定めることが重要です。

◆ 使用するフレームワーク

使用するアーキテクチャフレームワークは何か（ここではTOGAFを想定します）、それをどのようにテーラリング（調整）して使用するか、などの要件を決めます。TOGAFを使うなら使うと決めるということです。ここで集中型連邦型といったことも決めていきます。

フレームワークを使用することで、過去の資産を活用し、作業漏れをなくしながら作業のスピードをアップすることができます。

◆ EAチームと組織の定義と設立

アーキテクチャガバナンスを強化するために、オーソライズを行う組織とアーキテクチャ策定の実作業を行う組織を別々に設立します。オーソライズを行う組織はアーキテクチャ委員会と呼ばれ、役員などを含む4〜5名（兼任あり）のチームで構成されます。

このチームはステークホルダの関心事を満たす責任を持ち、それに取り組んでいきます。

◆ マネジメントフレームワークの定義

マネジメントフレームワークは組織における管理のプロセスや仕組みのことです。ここで設計するEAは実際にその企業がビジネスで使うものであるため、普段組織が使用している管理プロセスに合わせる必要があります。ソリューションの開発やプロジェクト管理、ビジネスマネジメントでどういうマネジメントフレームワークを使うかをここで決めます。

これにより、アーキテクチャプリンシプルが遵守されているかどうかをガバナンスすることができます。

◆ エンタープライズアーキテクチャ成熟度の評価

その企業がどれだけエンタープライズアーキテクチャについて知識やスキルを持ち、実践できるかを測定します。この成熟度が低い場合はターゲットを成熟度に合わせて無理のないよう調整します。

◆ 初期フェーズのまとめ

初期フェーズでは、まず「ビジネス変革を起こしたい」という意図やビジネス上の課題を把握することが重要です。これには、組織の意図や戦略、予測される財務要件などが含まれます。

この段階では、組織モデルや採用したアーキテクチャフレームワーク、ビジネスプリンシプル、ビジネスゴール、ビジネスドライバの確認を行います。また、ここでの重要なアウトプットの1つとして「アーキテクチャ策定作業依頼」があります。これは、スポンサー組織からアーキテクチャ策定チームに渡されるもので、次のフェーズAに進むために必須のものです。

🧊 フェーズA

フェーズAでは、**アーキテクチャビジョン**を策定します。アーキテクチャビジョンとは、エンタープライズアーキテクチャ（EA）によって実現されるケイパビリティとビジネス価値を示す、全体の概要レベルのビジョンです。これは、CEOから現場の担当者まで、すべてのステークホルダーが理解できる要約です。

「エレベーターピッチ」という言葉がありますが、これは短時間で多くの人が理解できる資料を指す比喩です。同様に、この「アーキテクチャビジョン」も、エレベーターで移動する程度の短い時間で全体を把握し、理解できるレベルの詳細さが求められます。

ビジョンを作成する方法はいくつかありますが、一例として、前章で触れたビジネスシナリオという手法があります。この手法では、ビジネスとテクノロジーの両方の視点から現状と将来の姿を描き出し、達成したい目標を明確にします。

フェーズAでは次のような作業を行います。

◆ ステークホルダの関心事およびビジネス要件の特定

スコープを定めた時点で、ステークホルダーはすでに明確になっているはずです。

しかし、ここではそれぞれのステークホルダーが何に関心を持っているのかを確認します。さらに、誰が最も重要なステークホルダーであるかを含めて、関係性を整理します。

◆ ビジネスゴールとビジネスドライバ制約事項の確認

EAを検討するきっかけとなった、そもそもの動機、つまりビジネス命題を確認しておくことが重要です。なぜEAを策定し、ビジネス変革を行う必要があるのか、その理由を明確にする必要があります。これは明文化されていないかもしれませんが、必ず存在しているはずです。

したがって、EAの検討を開始するこのタイミングで動機を明確にし、経営陣の承認を得ることが必要です。

◆ ケイパビリティの評価

初期フェーズでアーキテクチャケイパビリティの確立をしましたが、ここで実際にケイパビリティが足りているかを評価確認します。

◆ ビジネス変革即応性の評価

現有の組織が、新たに構築しようとしているアーキテクチャに移行し、それを使いこなせるかどうかを定量的に把握しておくことが必要です。組織文化によっては、CEOのガバナンスが強い場合もあれば、そうでない場合もあります。

EAを導入し、効果的に運用していくためには、組織がそのアーキテクチャを使いこなせるかどうかを含めて評価していく必要があります。

◆ アーキテクチャのスコープの定義

エンタープライズのスコープは初期フェーズで定めたので、ここではアーキテクチャを策定していくスコープを決めていきます。前述のアーキテクチャドメイン(BA/AA/DA/TA)のどこを深掘りするか、どういった資産を活用するかなどを検討します。また、ベースライン(現行)とターゲット(将来)のアーキテクチャ策定の詳細度を定めます。

TOGAFでは「何を作るか?」という点、つまりターゲットを重視しているのでターゲットアーキテクチャをより詳細に検討します。

◆ アーキテクチャプリンシプルの確認／詳述

初期フェーズで定めたアーキテクチャプリンシプルをレビューし、必要に応じて詳述します。

◆ アーキテクチャビジョンの開発

ここでベースラインおよびターゲットアーキテクチャのハイレベルなビューを作成します。アーキテクチャドメイン（BA/AA/DA/TA）ごとそれぞれに概要レベルのダイヤグラム（図）を作成します。

◆ ターゲットアーキテクチャの価値定義（KPI）の定義

上記で描いたターゲットアーキテクチャがそれぞれのステークホルダに対してどのような価値をもたらすかを明確にし、またそれを測る方法も明確にします。

◆ ビジネス変革リスクと軽減アクティビティの特定

変革を行う際のリスクを特定して、それを初期リスクとして明確にします。さらにそのリスクに対してリスクを軽減するアクションを検討し、それでも残ってしまうリスクを残余リスクとして把握します。

◆ アーキテクチャ策定作業計画書の策定と承認

アーキテクチャビジョンで描いたものがどう実現されるかを目的、スコープ、制約などを明らかにしながら記述していき、必要な資源、見積もり、ロードマップなどを定義します。これを作業計画書としてまとめ、アーキテクチャ委員会から正式に承認を受領します。

ここまでのフェーズではアーキテクチャケイパビリティを整え、ADMサイクルを回していく準備を行ってきました。

以降では、いよいよ各ドメインでのエンタープライズアーキテクチャのモデリングに入っていきます。

🎁 フェーズB

フェーズBではアーキテクチャ策定作業計画書に則り、**ビジネスアーキテクチャ**を策定していきます。次のような作業を行います。

◆ 参照モデル、ビューポイント、ツールの選択

ビジネスアーキテクチャを策定する際には、参照するモデルやツールを選択します。たとえば、ケイパビリティマップやコンポーネントビジネスモデルといったビジネス領域の全体外観図を用いて、ビジネス領域でのケイパビリティを示します。また、バリューストリームを使用して、顧客提供価値に焦点を当て、価値提供の流れを図式化します。

◆ ベースライン／ターゲットBAの記述

　必要な範囲で既存および将来のビジネスアーキテクチャを記述していきます。描くスコープはターゲットアーキテクチャに合わせ、必要なビルディングブロック（一連の機能のかたまり）を組み合わせて特定していきます。

◆ ギャップ分析の実施

　上記のベースラインとターゲットBAについて、まず各々でステークホルダ間の関心事の矛盾などを解消して整合性をとります。その後、ベースラインとターゲットの間のギャップを特定します。

　ギャップを特定するとは、新規に構築しなくてはいけないビジネス機能のビルディングブロックを特定することです。これを今後構築する対象のリスト（ロードマップコンポーネントの候補）としてまとめます。

◆ アーキテクチャランドスケープにわたる影響の解決

　今回作るターゲットアーキテクチャが既存のアーキテクチャにどう影響するか、または最近の世の中の変化が今回作ろうとしているアーキテクチャに影響を及ぼすかの調査を行います。

◆ 公式ステークホルダによるレビュー

　アーキテクチャ委員にてアーキテクチャ作業計画書をレビューします。ここで不足・不備がある場合には適宜修正の上、再レビューを行います。

■ フェーズC

　フェーズCでは**情報システムアーキテクチャ**を策定します。

　前述のアプリケーションアーキテクチャとデータアーキテクチャを組み合わせて、情報システムアーキテクチャと呼びます。アプリケーションとデータのどちらから設計しても構いませんが、ビジネスアーキテクチャと関連が深いほうから設計することを推奨しています。たとえば、データドリブンなシステムを目指している場合は、先にデータアーキテクチャから設計するべきです。

　次のような作業を行います（下記はデータアーキテクチャの例）。

◆ 参照モデル、ビューポイント、ツールの選択

　データプリンリプルの検証、ステークホルダの関心事に基づくビューポイントに基づきER図クラス図などのデータモデルを設計します。

◆ ベースライン／ターゲットDA記述の開発

アーキテクチャビジョンとターゲットとなるBAをサポートするために必要なターゲットDAを記述しDAのビルディングブロックを特定します。

◆ ギャップ分析の実施

ベースラインとターゲットの間の差分を調査し、引き継がれるもの、削除されるもの、新たに構築が必要なビルディングブロックを特定します。これにより、開発すべきものと調達すべきものを区分けすることができます。

◆ 候補ロードマップコンポーネントの定義

移行計画において構築対象となるビルディングブロックを定義します。

◆ アーキテクチャ全体に及ぶ影響の解決

他のアーキテクチャ(たとえばアプリケーションアーキテクチャ)に及ぼす影響を解決します。

◆ 公式なステークホルダレビュー

アーキテクチャ委員会によるレビューを行います。

◆ アーキテクチャ定義文書の作成

ビルディングブロックを決定した根拠を文書化します。ここではベースラインDAとターゲットDAの定義文書が詳細化されます。

● フェーズD

フェーズDでは**テクノロジーアーキテクチャ**を設計します。

ターゲットTAがどのようにしてアーキテクチャビジョンを実現するか、アプリケーションコンポーネントおよびデータコンポーネントをどう構築するか、またどのようにステークホルダーの関心事に応えるかを意識することが重要です。

前述のアプリケーションコンポーネントを、調達可能なテクノロジーコンポーネント(ハードウェアやソフトウェア)にマッピングします。これにより、論理的なアーキテクチャの物理的な実現が定義されます。

実施する作業の流れはフェーズCと同様です。

◆ 参照モデル、ビューポイント、ツールの選択

テクノロジープリンシプルを検証します。関連TAのビューポイントに基づきデータ収集とモデリング分析を行います(例: システム/テクノロジーのマトリクス)。

◆ ベースライン/ターゲットTA記述の開発

現行および将来目指すTAを記述します。これには、システムインベントリや技術資産(ハードウェア、ソフトウェア、ネットワーク)、技術スタック(プラットフォーム、ミドルウェア、データベース管理システム、セキュリティなど)の情報、さらにパフォーマンスやキャパシティに関する情報を含めます。

◆ ギャップ分析の実施

ギャップ分析表を作成し、引き継がれるビルディングブロック、削除されるビルディングブロック、新たに構築が必要なビルディングブロックを特定します。

◆ 候補ロードマップコンポーネントの定義

移行計画において構築対象となるビルディングブロックを定義します。

◆ アーキテクチャ全体に及ぶ影響の解決

今回決定するTAが既存のTAもしくは他のドメインのアーキテクチャ(BA、AA、DA)に及ぼす影響を考慮します。

◆ 公式なステークホルダレビュー

アーキテクチャ委員会によるレビューを行います。

◆ アーキテクチャ定義文書の作成

ビルディングブロックを決定した根拠を文書化します。ここではベースラインTAとターゲットTAの定義文書が詳細化されます。

🧊 フェーズE

フェーズEは**機会とソリューション**と呼ばれます。**機会**とは、これまでに洗い出されたアーキテクチャの要素(ビルディングブロック)を実際に構築する機会(オポチュニティ)を示しています。つまり、今まで検討した「作らなければならないもの」をいつ作るかということです。

　ソリューションは、その機会に対して「どのように」作るかを決めることであり、これをソリューショニングと呼びます。このフェーズでは、「いつ」「何を」作るかの大まかなアウトラインが決まります。

　このフェーズで実施するステップは次の通りです。

◆ 企業の変化特性を判断／確認する

　今回、新規EAへ移行するにあたって企業や組織がその移行に耐えられるか、変化に対応できるかを確認しておく必要があります。これにより、場合によっては移行のロードマップをより長期的なものにする必要があるかもしれません。

◆ 実装のためのビジネス制約事項を決定する

　実装の順序を制約するビジネスドライバを識別します。ビジネスの重要性から考えて、最初にどの機能を実現しなければならないのかを判断します。

◆ フェーズB〜Dのギャップ分析結果をレビューする

　それぞれで洗い出されたベースラインアーキテクチャとターゲットアーキテクチャのギャップを比較し、依存関係を特定します。たとえば、あるアプリケーション機能を実現するためには、データベースのアーキテクチャを併せて検討する必要があるなど、依存関係を整理します。これにより、どの順番でシステムを設計すべきかを明確にします。

◆ 運用要件の調整

　これまでのフェーズで識別された要件からシステム運用を行う視点での運用要件を整理します。

◆ ハイレベルの実装／移行戦略を作成する

　概要レベルでの移行ロードマップを作成し、ターゲットアーキテクチャに至るロードマップを描きます。通例、段階的なロードマップを作成し、アーキテクチャの移行を計画します。

◆ 主要な作業パッケージを識別化し、グループ分けする

　アーキテクチャアクティビティをグループ化し、作業単位に分割して、ポートフォリオやプロジェクトに分割します。

◆ トランジションアーキテクチャ（移行のアーキテクチャ）を特定する

上記のポートフォリオやプロジェクトをトランジションアーキテクチャとして整理します。

◉ フェーズF

フェーズFは**移行プランニング**です。ここではアーキテクチャロードマップと実装／移行計画を完成させます。また、その実装／移行計画がエンタープライズの内部で使用されているマネジメントフレームワーク（プロジェクトのルールなど）と整合がとれていることを確認します。

さらにこれらを踏まえてターゲットアーキテクチャがもたらす価値およびかかるコストがステークホルダに理解されていることを確認します。

ここでは次のステップを実施します。

◆ 実装／移行計画と関連するマネジメントフレームワークを確認する

エンタープライズにすでに存在するプロジェクト管理、調達管理などのマネジメントフレームワークを確認し、実装／移行計画との矛盾を解消します。たとえば調達管理プロセスで調達期間の制約がある場合にはそれが実装／移行計画と矛盾していないかを確認します。

◆ リソース要件・プロジェクト実施時期・実現手段を見積もる

実装／移行計画を実施するためのリソースおよびプロジェクトの実施時期、実現手段を具体化します。

◆ コスト／ベネフィット分析とリスク検証

上記の計画を実施するためのコスト試算を行います。また実施におけるリスク検証を行い、移行プロジェクトの各プロジェクトに優先度を付け、どれを優先的に実施するかの判断を行います。

◆ 実装／移行計画を策定する

これまで収集した情報をもとに実装／移行計画を完成させます。

🎁 フェーズG

フェーズGは**実装ガバナンス**です。このフェーズでは主役は各構築プロジェクトとなり、EAチームはそれぞれのプロジェクトのアーキテクチャ整合性を確認する立場(ガバナンス)となります。必要に応じて各プロジェクトに提言を行います。

次のステップを実施します。

◆ 開発組織のマネジメントと共に導入範囲・優先順位を確認する

各構築プロジェクトを統括する開発組織のマネジメントと共に実装／移行計画の中身を確認します。

◆ 導入に必要な資源とスキルを特定する

開発組織が主体となり、上記を実現するために必要な資源およびスキルについて精査します。

◆ 導入するソリューションの開発をガイドする

開発組織によって開発・導入されるソリューションのデザインをEAの視点でガイドします。

◆ EAコンプライアンスレビューを実施する

開発組織によって開発・導入されるソリューションのデザインに対してEAで策定したプリンシプルおよび各ドメインのアーキテクチャと齟齬がないかをレビューし、必要があれば修正を指示します。

🎁 フェーズH

フェーズHは**アーキテクチャ変更管理**です。このフェーズでは、ここまでに確立したエンタープライズアーキテクチャが環境変化や組織の変化(離職など)によって支えられなくなる可能性があるかどうかを確認し、必要に応じて修正を行う、もしくは新しいエンタープライズアーキテクチャの策定サイクルに入るなどの決定を行います。

次のステップを実施します。

◆ 価値実現プロセスの確立

EAを活用してビジネスおよびプロセスに影響を与え価値・成果を実現するプロセスを定義し、そもそも提供予定だったビジネス価値がどのように提供できるのかを示します。

◆ 監視ツールの配置

上記の活用プロセスがきちんと実現されているかをチェックするための監視ツールを配置します。たとえばベースラインアーキテクチャに影響を与えるテクノロジー変更やビジネス変更を監視する、ビジネス目標の価値測定、EAを維持するケイパビリティの成熟度などをトラッキングします。

◆ リスク管理

EAにまつわるリスクがきちんと管理されているかを確認し必要な提言を行います。

◆ アーキテクチャ変更管理の分析

EA維持におけるアーキテクチャ変更について管理し、変更管理プロセスで実装を変更するだけでいいのか、次の新しいアーキテクチャ開発サイクルに入るべきなのかを含めて分析を行います。

◆ パフォーマンス目標達成のための変更要件の開発

上記の監視ツールを通じてビジネス価値を提供できているかの確認を行っていますが、そこで必要なパフォーマンスが出ていないということであれば変更要件として何が必要かを識別します。

◆ ガバナンスプロセスの管理

アーキテクチャ委員会や他のガバナンス評議会などを手配し、必要なガバナンスプロセスが機能するようにします。

◆ 変更実装のためのプロセスの開始

新しいアーキテクチャ開発サイクルに入るということであればアーキテクチャ策定作業依頼をスポンサー組織に対して出していきます。

🔷 アーキテクチャ要件管理

　このフェーズは少し特殊で、フェーズAからHまでのすべてのフェーズから双方向の矢印が出ています。これは、各フェーズで発生するアーキテクチャ要件管理を、この要件管理プロセスで一貫して管理することを示しており、他の矢印とは異なる意味を持っています。

　一般的なウォーターフォール型の開発では、最初に要件を確定してから構築に進むことが多いですが、エンタープライズアーキテクチャにおいては、要件管理を常に行う必要があります。これは、要件が固定的ではなく、各フェーズの作業中に変更や新規追加が発生するためであり、各フェーズで完結するのではなく、フェーズ全体を通して統合的に管理する必要があるからです。

　たとえば、フェーズAのビジネスシナリオでは、最初に要件の洗い出しを行いますが、その要件は特定され文書化された後、この要件管理プロセスに送られます。要件管理プロセスでは、要件に採番が行われ、優先度の判定と承認、リポジトリへの保管が行われます。そして、要件はベースラインとして管理され、今後はそのベースラインが監視されることになります。このプロセスでアーキテクチャ要件リポジトリに登録された要件は、各フェーズで取り出して利用されます。

　市販の要件管理ツールとして、Atlassian社のJiraなどがありますが、このようなツールを使用することも有効です。

🔷 TOGAFシリーズガイド

　TOGAFシリーズガイドは、TOGAFフレームワークの使用方法に関するガイダンスを提供する資料です。TOGAFフレームワークの使用に関する産業、アーキテクチャスタイル、目的、および問題に特化したガイダンスが含まれており、エンタープライズアーキテクチャの構築と進化に関するリーダーガイド、実践者向けのガイド、価値ストリーム、ビジネスモデル、アーキテクチャプロジェクトマネジメントなど、さまざまなトピックがカバーされています。

TOGAFの適用例

　ここでは、TOGAFを実際に活用する際のイメージを、クレイジー・クラスト社を例に考察してみます。クレイジークラスト社のビジネス背景は次のようなものです。

　クレイジー・クラスト社は、もともと海外のピザチェーンでした。日本展開当初は非常に人気がありましたが、現在では業界で3位に転落しています。この状況には、競合するピザ店やコンビニ、さらにはUberなどの新しい業態の登場が影響しており、クレイジー・クラスト社にとっては厳しい戦いとなっています。

　現在の日本法人社長はIT企業出身であり、ビジネスを支えるITシステムが旧式化していることが課題として浮上しています。クレイジー・クラスト社は、伝統的なピザ店のレシピを受け継ぎ、メニューや味において高い評価を得ています。しかし、効果的なマーケティング活動が行われておらず、それが顧客獲得の障害となっています。現在の主要な顧客層は、長年のファンであるミドルからシニア層が中心であり、若い世代を取り込む必要があると考えられています。

　クレイジー・クラスト社の将来を見据え、ビジネスとITをどのように整合させるべきでしょうか。これまで述べてきた通り、エンタープライズアーキテクチャのフレームワークを用いて考えてみましょう。

●エンタープライズアーキテクトの役割

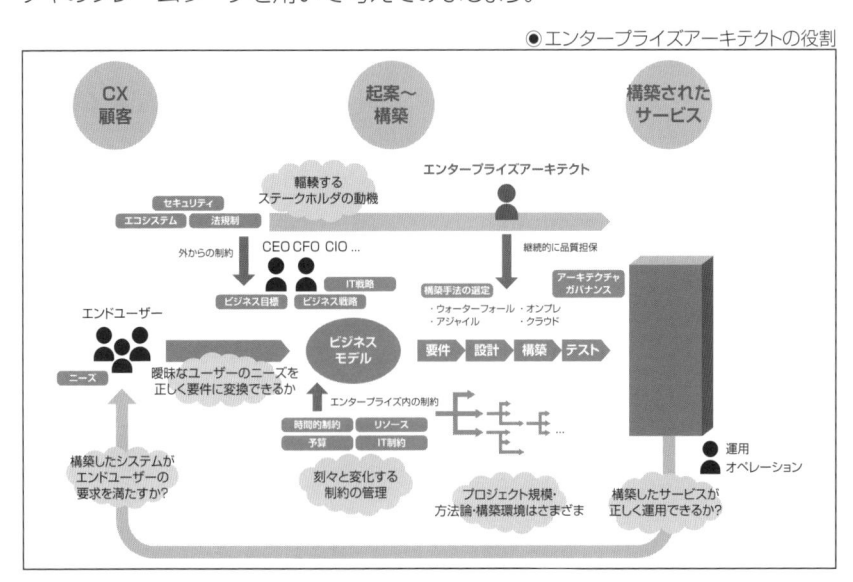

　前ページの図は、顧客とエンタープライズおよび構築されたシステムの関係を表した図です。まず、クレイジークラスト社は顧客を分析し、どのようなビジネスを目指すか(ビジネス戦略)を考える必要があります。つまり、どの顧客層にどのようなサービスを提供するのか、そのために必要な能力(ケイパビリティ)とは何か、それをどういう組織で実現するかを考えることです。

　次に、法制度や競合他社といった外部の制約、また社内でのリソース準備状況や既存の環境などの内部の制約を踏まえ、提供すべきビジネスモデルを形成していきます。この過程では、CEOやCIO、財務の観点ではCFO、オペレーションやマーケティングの観点など、さまざまな関係者(ステークホルダー)の「こうしたい」という要求(モチベーション)を考慮し、調整していく必要があります。

　エンタープライズアーキテクトは、全体の概要アーキテクチャを設計・可視化し、さまざまなステークホルダーがどのようなサービスやシステムを構築すればよいかのビジョンを整合させます。これがエンタープライズアーキテクチャのビジョンとなります。

　このビジョンに基づいて、ビジネス、アプリケーション、データ、テクノロジーそれぞれのアーキテクチャを設計し、個別のシステムを構築していくことになります。エンタープライズアーキテクトは、このエンタープライズアーキテクチャの設計を監督し、個別のシステム構築の現場で、そのEAが守られているか(ガバナンス)をチェックします。そして、システム全体の一貫性と整合性が保たれているかを管理します。

　最終的に、完成したシステムが既存の運用に組み込まれ、問題なく稼働しているか、またそれが顧客満足度に貢献しているかを確認します。必要があれば、次の改革を行い、こうしたサイクルを繰り返していきます。エンタープライズアーキテクトは、このようにしてエンタープライズが顧客のニーズを満たし、価値を生み出し続けることをガバナンスし、支援する役割を担っています。

本章のまとめ

　ここでは、エンタープライズアーキテクチャの概要、歴史、そしてエンタープライズアーキテクチャを検討するための代表的なフレームワークであるTOGAFのADMを紹介しました。アーキテクトとして、個別のシステムではなく企業全体を対象とするなど、大きなスコープでアーキテクチャを検討する必要がある場合、ここで紹介したエンタープライズアーキテクチャの概念を活用して、全体のアーキテクチャをデザインすることが求められます。

CHAPTER 08

アーキテクトと
アジャイル開発

本章の概要

　本章では、昨今のITシステム開発でも広く活用されているアジャイル開発について触れ、アジャイルプロジェクトのさまざまなフェーズ・体制の中でのITアーキテクトの役割や振る舞いについて、具体的な実践のポイントも交えながら説明します。

アジャイルが急速に広まっている背景

CHAPTER 01でも触れたように、現代は人々の生活の高速化や多様化が著しく進んでいます。たとえば、ひと昔前は銀行の預金を下ろしたり振込をしたいサラリーマンは、昼休みに通帳と印鑑を持って窓口に並ぶ必要がありましたが、今や人々は、スマートフォンの銀行アプリで24時間いつでも振込などを行ったり、現金の代わりに各種クレジットカードや電子マネー、○○Payなどの決済サービスを自由に選んで買い物をすることが可能となりました。紙の切符を購入して乗車していた鉄道やバスは、ほとんどの人が交通系ICカードを使ってキャッシュレスで利用していますし、電車の中ではスマートフォンで好きな音楽や動画、ゲームや読書などを楽しむ人を多く見かけるようになりました。

こうした便利な社会の実現には、ITの分野におけるクラウドなどの広がりや通信のブロードバンド化・ワイヤレス化、モバイルデバイスの普及といった技術革新の側面とともに、**アジャイル**と呼ばれる**小さく始めてスピーディに改善する**開発手法の普及によるものが大きいといわれています。これらの新しい技術と開発手法の掛け合わせにより、デジタルトランスフォーメーション（DX）と呼ばれる事業のデジタル化、**新規ビジネスのリリース・改善の実施が、低コストで高速に実現**できるようになりました。

🔲 なぜアジャイル開発にアーキテクトは重要なのか

このように広がりを見せているアジャイルですが、これまでのシステム開発手法の主流であったウォーターフォールと比較すると、非常に速いサイクルでものづくりが進んでいくため、ともするとこれまで本書で説明してきたアーキテクト活動が疎かになってしまいがちです。この点を意識せずアジャイルを用いると、早い段階で動くシステムはできたけれども、当初思い描いていた課題の解決やビジネス拡大につながらない、開発のサイクルを重ねるほどシステムの設計や設定がつぎはぎ状態になり、継続的な機能拡張やメンテナンスが困難になる、といった状況に陥ってしまいます。

　また、企業システムの開発・構築、運用においては、基幹システムはウォーターフォールで、それらの周辺機能開発はアジャイルで、といった手法の混在が見られる現場も多々あります。このような場合、多くの企業では既存システムとの接続や、既存システム側の改修も課題となってきます。つまり、既存システムによる現行業務を継続しながら、追加サービスを段階的に構築・リリースし、新しいビジネスも同時に軌道に乗せていく必要があります。これらを実現するには、単なるITシステムへの切り替え・リニューアルの側面だけでなく、各種業務フロー、プロセスの段階的変更なども含め、あらかじめ包括的に計画しておかなくてはなりません。

　以上のように企業においてシステム開発をする上で、ビジネス課題を解決するためのソリューションを、全体感を把握した上で策定し、ステークホルダーの利害関係を調整し、その結果を全体・個別のITアーキテクチャに落とし込むアーキテクト活動は、アジャイル開発を選択する場合も変わらず重要です。むしろアジャイル開発のメリットを享受して成果を最大化できるかは、組織のさまざまな階層、また個々のアジャイルチームの中で、アーキテクト活動をきちんと定着させることができるかどうかにかかっているといってもよいでしょう。

　ではどうしたらアジャイルにおいてもアーキテクト活動を実践し、根付かせていくことができるのでしょうか。これから順を追って説明します。

アジャイルとは

　ここで改めて、アジャイルとは何かを確認したいと思います。アジャイル（agile）とは、英語で「迅速な」「機敏な」などを意味する言葉です。

　システム開発手法としてのアジャイルは1990年代にはすでに現場で始まっていたといわれていますが、その名が世の中に広く知れ渡ったきっかけは、2001年の**アジャイルソフトウェア開発宣言**[1]の発表です。

　昨今では、アジャイルはソフトウェア開発手法にとどまらず、新規ビジネスの開発や組織のアジリティ（俊敏さ）を高める方法論としても語られるようになっています。アジャイルを一言で説明するならば、ソフトウェア開発に限らず**小さな価値を積み上げることによって、より早く顧客満足に到達することを実現する手法**ということができるでしょう。

　本章では以降、本書の趣旨に沿ってITシステムやソフトウェアの開発手法としてのアジャイルにフォーカスして説明していきます。なお、読者の皆様にとってのわかりやすさを優先し、用語定義などについて厳格さを欠く部分があることをご了承ください。

🐟 一般的なアジャイル開発の実施方法

　まずアジャイル開発の実施方法について、基本的な考え方やルール、用語を確認していきましょう。現在、アジャイル開発にはたくさんの流派・手法が存在しますが、ここではいま世界で最も採用されている**スクラム**のフレームワークをベースに説明します。

　スクラムは、スプリントと呼ばれる1〜2週間の開発期間を繰り返し、プロダクトと呼ばれる製品やサービスを少しずつ形にしていくアジャイルのフレームワークの1つです。具体的には**3つのロール、3つの作成物、5つのイベント**を実践しながらチームの透明性を高め、迅速に価値あるプロダクトを生み出していきます。その全容は10数ページほどの「スクラムガイド[2]」にまとめられ世界各国の言語に翻訳されているので、一度目を通してみるとよいでしょう。

　それではスクラムの3つのロール、3つの作成物、5つのイベントを順に説明していきます。

---

[1]:https://agilemanifesto.org/iso/ja/manifesto.html
[2]:各国語版が「https://scrumguides.org/」からダウンロード可能

◆ 3つのロール

3つのロールとは、スクラムチームを構成するメンバーの役割のことで、**プロダクトオーナー**、**開発者**、**スクラムマスター**の3つがあります。スクラムでは通常、サブチームを持たない10人以下のチームを1つ作り、その中にプロダクトオーナーとスクラムマスターが1人ずつ、開発者が複数名、というチーム構成にします。

各ロールを端的に説明すると、プロダクトオーナーは**顧客の代弁者**として何を作るか、どんな価値（ソフトウェアであれば機能などによって得られる効果）をどのような順番でリリースするかを決め、**プロダクトの価値を最大化することに責任を持つ人**です。開発者はそれを具体的に**動くシステム・機能として形にする人**、スクラムマスターはチームに**スクラムのマインドセットやプラクティス（具体的なやり方）をコーチし、実践を促す人**です。これらの役割分担は厳格に分かれているものではなく、役割を意識しながらもチーム全員で協力し合ってゴールの達成を目指します。

なお、スクラムチームには明示的にアーキテクトというロールは登場しませんが、これによってスクラムをはじめとするアジャイル開発においてアーキテクト（活動）が不要だと解釈するのは早計です。先に紹介したアジャイルソフトウェア開発宣言に付随する「アジャイル宣言の背後にある原則[3]」にも「最良のアーキテクチャ・要求・設計は、自己組織的なチームから生み出されます」とあるように、**アジャイルではアーキテクチャ策定などのアーキテクト活動はチーム全員で実践すべきケイパビリティ（能力）と捉えるのが妥当**です。ただし、後述しますが一部のアジャイルフレームワークでは、明示的に体制内にアーキテクトを置くものもあります。

◆ 3つの作成物

3つの作成物とは、**プロダクトバックログ**、**スプリントバックログ**、**インクリメント**のことです。簡単にいうと、プロダクトバックログとは開発によって**実現したい顧客提供価値のリスト**、スプリントバックログとはそれぞれの**プロダクトバックログを実現するための作業（タスク）のリスト**、インクリメントとは短い開発期間（スプリント）ごとに生み出される、**プロダクトの増分**のことです。ソフトウェアであれば1つひとつの機能などがインクリメントになります。

　プロダクトオーナーは、開発者と協力しながらプロダクトバックログを作成、更新したり、優先順に並び替えたりし、効果的なバックログ管理に責任を持っています。スクラムガイドには具体的な記載はありませんが、一般的にアジャイルでは、プロダクトバックログにあたるものは**「(誰)が(何のため)に(何を実現)できること」というフォーマットで「価値」がわかるように記載するのがポイント**で、開発者に実施して欲しい「作業内容」を書くものではありません。

　逆に、スプリントバックログは、作業者がプロダクトバックログの実現のために行う、1つひとつの作業のリストになります。これにはコーディングやシステムの導入、設定だけではなく、設計やテスト、リリース計画など、インクリメントを使える状態にするためのすべての作業を含めるようにします。

　スプリントバックログがすべて完了すると、何らかの価値、システムであれば機能などが出来上がっていくわけですが、これが先ほど説明したインクリメントにあたります。そしてそれがスプリントごとに積み上がり、**最低限の機能を備えたプロダクト**になります。それを**MVP(Minimum Viable Product)**と呼びます。

　少し話が概念的でわかりにくくなってきましたので、本書にたびたび登場するピザ宅配店のクレイジー・クラストに置き換えて考えてみましょう。オーナーのアントニオさんは、スマートフォンの爆発的な普及状況を見て、自社でもお客様がピザをオーダーするためのモバイルアプリを導入したいと考えました。このとき、はじめて開発されるモバイルオーダーアプリの初版リリースがMVPということになります。また、初版を開発するためのプロダクトバックログとしては、たとえば、次のものが作成されるでしょう。

- 顧客がピザを選ぶために、最新の商品情報と金額を一覧表示できること
- 顧客がピザを購入するために、選んだ商品をカートに追加できること
- 顧客が支払いをするために、決済方法を現金、クレジットカード、電子マネーから選択できること

　そして1つめのプロダクトバックログからスプリントバックログを洗い出して記述すると、たとえば、次のものが作成されるでしょう。

- 商品一覧の個々の画面設計をする
- 商品一覧の画面遷移を設計する
- 商品一覧の個々の画面を開発する
- 商品一覧の画面表示や遷移をテストする

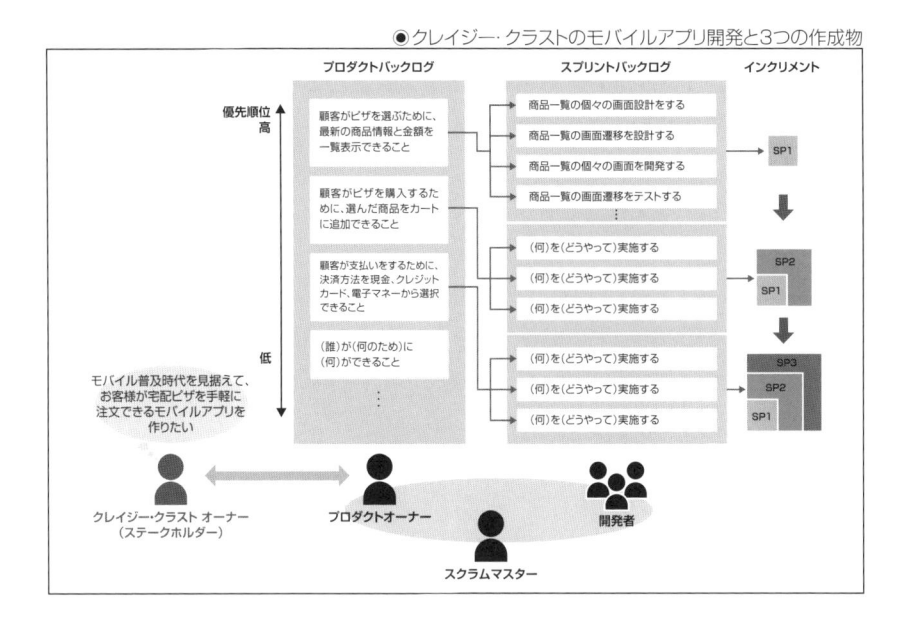

● クレイジー・クラストのモバイルアプリ開発と3つの作成物

◆5つのイベント

　5つのイベントとは、**スプリント**と呼ばれる固定の開発期間と、その中で実施される**スプリントプランニング**、**デイリースクラム**、**スプリントレビュー**、**スプリントレトロスペクティブ**と呼ばれるミーティング（イベント）のセットのことです。クレイジー・クラストのモバイルアプリも、この開発リズムに乗せて、上図のようにスプリントごとにインクリメントを育てていきます。

　では5つのイベントを順に、簡単に説明していきます。まずスプリントとは、**1～2週間、長くても1カ月以下の開発期間**のことをいいます。この期間は基本的に固定とし、作るものによって長くしたり短くしたりはしません。このスプリント期間の中に、下記に説明するイベントが収められ、開発作業が繰り返されていきます。

　まずスプリントの初日には、スプリントプランニングと呼ばれる**チーム全員で開発の計画を立てるミーティング**が開かれます。ここではプロダクトオーナーからこのスプリントで実現したいプロダクトバックログを説明し、開発者と内容の理解をすり合わせます。タスクのリストアップや、そのタスクをスプリントバックログとして記述していく作業は、**開発者自身が行います**。これらの作業見積もりや依存関係の確認、スケジュール化も開発者自身で実施し、実現可能な計画を主体的に立てていきます。

もしスプリント期間に作業が収まらない見込みとなった場合は、**開発者とプロダクトオーナーでスコープ調整を行い、実現可能な計画をチームで作成**していきます。作成したスプリントバックログは1つずつ付箋などに書き出し、一般的に**タスクかんばん**などと呼ばれるタスクの一覧を貼り出す物理またはオンラインのボードに配置します。ここまでできたらスプリントプランニングは完了です。

デイリースクラムは、**スプリント期間中、毎日行う15分程度の短いミーティング**のことで、一般的にはタスクかんばんを開発者全員で見ながら、1人ひとり、今日までに実施したこと、これから実施すること、今困っていることや相談したいことを話していきます。これにより、スプリントプランニングで立てた計画が順調に進んでいるのか、課題があればどのように対応するかなど、日々チームでクイックに確認、調整しながら作業を進めることができます。

スプリントレビューとは、**スプリント最終日に開発した作成物をステークホルダーに見せ、フィードバックをもらったり、課題を相談したりするミーティング**です。一般的な進捗報告会などとは違い、開発したものがどのように動くのかデモを行ったり、ステークホルダー自身に操作をしてもらうのが特徴です。得られたフィードバックをもとに、必要に応じてプロダクトオーナーを中心にプロダクトバックログの更新も行います。

スプリントレトロスペクティブとは、**スクラムチーム全員でスプリント期間中をふりかえり、課題があればその解決方法や、より良い仕事のやり方などを話し合う場**です。レトロスペクティブの具体的な手法は、KPT（Keep：継続したいこと、Problem：課題だと思うこと、Try：次取り組んでみたいこと）、YWT（Y：やったこと、W：わかったこと、T：トライしたいこと）などが有名ですが、他にもさまざまなフレームワークがあるので、スクラムマスターを中心にチームの状況にあったものを選んで試してみるとよいでしょう。

以上が5つのイベントとなりますが、加えて、プロダクトオーナーはスプリント期間中、**プロダクトバックログリファインメント**という活動を継続的に行っています。これは、**チームの最新の開発状況や顧客、市場の動向を踏まえ、次のスプリント以降で取り扱うプロダクトバックログの精緻化や優先順位決めを開発者とともに行う活動のこと**です。定期ミーティングの形で実施する場合もあれば、デイリースクラムなどの既存のスクラムイベントの場を活用して行う場合もあります。

　下図は、月曜開始、金曜終了の2週間スプリントの場合の、スクラムイベントのスケジュール例です。この定期的なミーティングサイクルでチーム全員が同期をとりながら、プロダクト開発をインクリメンタルに進めていきます。「インクリメンタルに」とは、199ページの図のインクリメントのように、**前のスプリントの作成物（インクリメント）が正常に動く状態を保ちながら新規に追加の機能や何らかの価値をリリースする**ということです。

●スクラムイベントのスケジュール例

月曜開始、金曜終了の2週間スプリントの場合

月	火	水	木	金
スプリントプランニング	デイリースクラム			
	開発作業			

月	火	水	木	金
プロダクトバックログリファインメント	デイリースクラム			
	開発作業			スプリントレビュー
				レトロスペクティブ

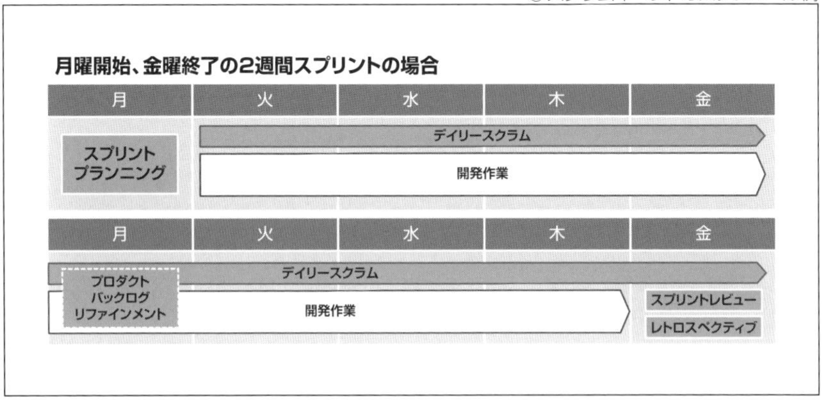

　以上がスクラムのフレームワークをベースとした、一般的なアジャイル開発の概要となります。なお、スクラムや個別のアジャイル開発手法の詳細については、有用な書籍や研修トレーニング、各種団体による有料・無料のコミュニティがたくさんあるので、ぜひ調べて学んでみていただければと思います。

🔹 アジャイルをスケールするには〜大規模アジャイル

　スクラムはアジャイル開発をする際の最小限の軽量なフレームワークとして最も採用されていますが、アジャイル開発に入る前の構想策定フェーズの活動や、企業規模のシステムをアジャイル開発するためのスケーリングについては詳しくガイドされていません。それらを補完・包括し、企業規模のシステム開発にもアジャイルの適用を可能とする**大規模アジャイル**と呼ばれるフレームワークが、現在、さまざまな団体にて提唱されています。昨今ではScrum@ScaleやLeSS（Large-Scale Scrum）、SAFe（Scaled Agile Framework）などがよく知られており、日本でもたくさんの企業が採用しています。

いずれのフレームワークも、1つのアジャイルチームを増員する形ではなく、チームの数を増やす形で体制をスケールすること、複数チーム間で共通のスクラムイベントをセットし、ゴールに向かって同期をとりながら開発を進めることなどがガイドされています。

　下図に、チーム間で同期をとって進めるイメージとしてSAFeのガイドを例示します。

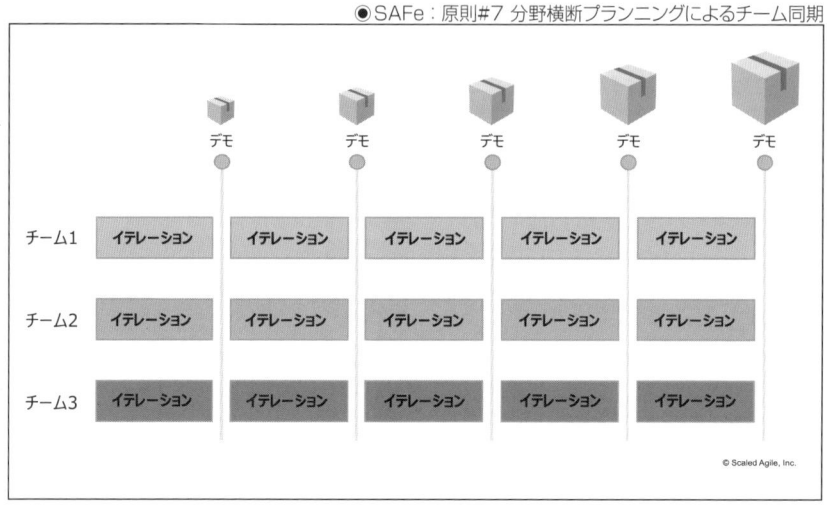

●SAFe：原則#7 分野横断プランニングによるチーム同期

※「https://scaledagileframework.com/ja/apply-cadence-synchronize-with-cross-domain-planning/」より引用

　また、このような開発体制、サイクルを現場に定着させるため、複数のアジャイルチームを統括するチームを設置します。このチームの中には、プロダクト全体のビジョンやアーキテクチャを示すチーフプロダクトオーナーや複数チームでの同期の場をファシリテートするSoSM（いずれもScrum@Scaleのロール名称）がいます。SAFeでは、共通のプロダクトのアーキテクチャを策定、更新するシステムアーキテクト、企業規模のアーキテクチャを策定するソリューションアーキテクトやエンタープライズアーキテクトも配置しています（ただし、SAFeで定義されているソリューションアーキテクト、エンタープライズアーキテクトの役割は、本書で述べている定義と必ずしも一致するものではありません）。

　次ページの図に、Scrum@Scaleでのスクラムチームのスケーリングの考え方を、スクラムを大規模にスケールする実践の一例として紹介します。

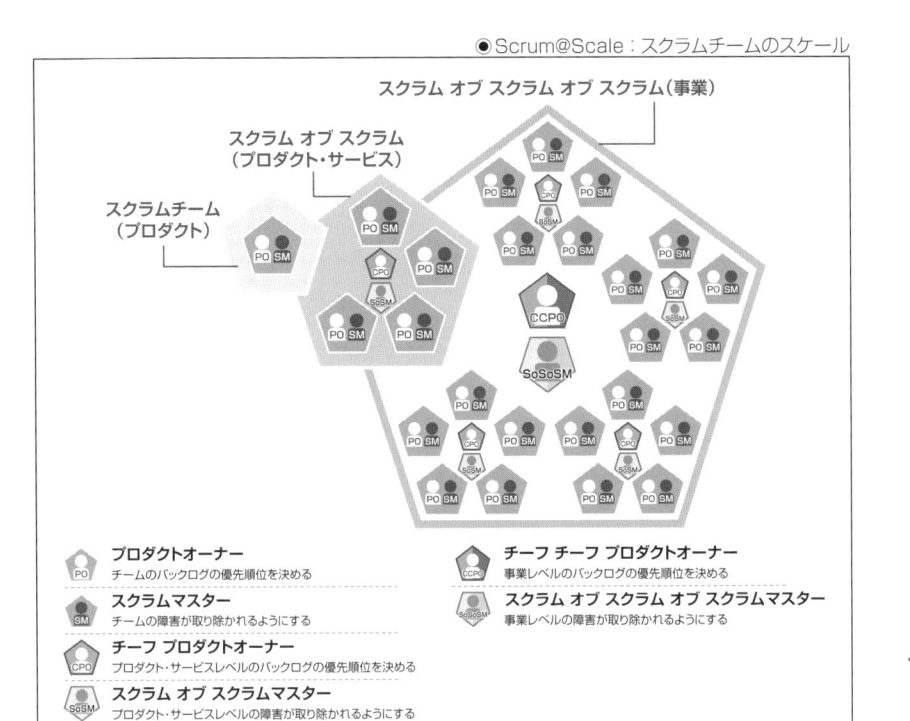

● Scrum@Scale：スクラムチームのスケール

スクラムチーム
（プロダクト）

スクラム オブ スクラム
（プロダクト・サービス）

スクラム オブ スクラム オブ スクラム（事業）

	プロダクトオーナー チームのバックログの優先順位を決める
	スクラムマスター チームの障害が取り除かれるようにする
	チーフ プロダクトオーナー プロダクト・サービスレベルのバックログの優先順位を決める
	スクラム オブ スクラムマスター プロダクト・サービスレベルの障害が取り除かれるようにする

	チーフ チーフ プロダクトオーナー 事業レベルのバックログの優先順位を決める
	スクラム オブ スクラム オブ スクラムマスター 事業レベルの障害が取り除かれるようにする

※「https://scruminc.jp/scrum-at-scale/」より引用

　いずれの方法で企業規模のアジャイル開発を実践する場合も、**組織全体がアジャイルの原則を理解し、特に上位マネジメントが組織のロールモデルとしてそれを実践できていることが重要**です。個々のアジャイルチームだけがアジャイル開発を実践しており、上位チームは指示型、ピラミッド型の組織になっていると、大規模アジャイルはうまく機能しません。

　とはいえ、企業全体で急にマインドセットや振る舞い、会社の仕組みをアジャイルに変革するというのも現実的ではありません。一般的にアジャイルの導入は、**まず1チームで小規模のプロダクトを開発して成功経験を積み、うまくいったらそれをスケールしていく、というのが成功への定石**です。また、ほとんどの大規模アジャイルフレームワークは組織への導入支援やコンサルティングサービスを提供しているので、はじめて大規模アジャイルを導入する場合はそのようなサービスを活用し、経験を積んだコーチに伴走型で教育をしてもらうといったことも検討されるとよいでしょう。

アジャイル開発における
アーキテクトの役割と重要性

さて、ここからが本章の本題です。アジャイル開発というと、すぐにコーディングを始めようとする腕のいい開発者がいたり、ラフなアイデアを絵に描いてエンジニアにこれ作ってみて、などと持ちかけるリーダーがいたりします。かつて筆者自身もこのような誤解をし、痛い目に遭いましたが、これらはうまくいかないアジャイル開発の典型パターンです。

なぜ、いきなり作り始めてしまうとまずいのでしょうか。

ビジネス、**エンジニアリング（開発）**、**品質管理**の3つの観点から、次のようなリスクが挙げられます。

- ビジネス
  - 誰のどのような課題を解決するためのシステムなのかが不明確なシステムが出来上がってしまい、売り上げが伸びずコストが回収できない
  - 構築にかかる期間やコストとその回収方法や期間があいまいで、仮に素晴らしいシステムが開発できそうな見通しとなっても、途中で資金が枯渇してしまう
- エンジニアリング（開発）
  - 何のためのどのようなシステムなのか開発者に明確に伝わらずスムーズに開発作業に入れない、または構想したものと違うシステムが出来上がってしまう
  - 作りたいシステムに適した技術やアーキテクチャ、本番環境へのリリース計画などが十分な比較検討なく選択・決定され、開発・メンテナンスのやりにくさが生じる
- 品質管理
  - バックログごとに適切な「完成の定義[4]」の策定と、それを検証するためのテストを適切に実施できず、プロダクトの品質低下を招く
  - スプリントごとにコードやシステム設計が「汚い」状態（いわゆる「技術的負債[5]」が蓄積された状態）となり、バグの発生リスクが高まる

---

[4]：バックログなどに対し、何をもって完了とするかを明確化したリストのこと。これを満たした作成物が出荷可能な製品＝インクリメントとなる。Doneの定義、DoD（Definition of Done）などともいう。
[5]：ソフトウェア開発において、迅速なリリースを優先したり修正が必要な箇所を放置したりすることで生じる、技術的な問題のこと。将来的に大掛かりな修正が必要になったり保守が難しくなったりするため、適切なタイミングで改善する必要がある。

　ここまで本書を読み進めてくださった読者の皆さんは、すでにピンときたのではないかと思いますが、実はこれらは、前の章までで説明してきたさまざまなアーキテクトが適切なタイミングで参画し活動していれば、早期に気付き、対処できるリスクです。

　このように、アジャイル開発採用のメリットを最大化し、より早く、顧客に価値をもたらすシステムを開発するためには、アーキテクト活動が大変重要なのです。

アーキテクトとアジャイル開発

具体的なアーキテクトの活動内容

アーキテクトはアジャイル開発の中で、いつ、どのように活動するとよいのでしょうか。また、アジャイル開発に参画する上で、どのようなことを意識して振る舞えばよいのでしょうか。一般的なプロジェクトを、構想策定、アジャイルチーム立ち上げ、アジャイル開発実施の3つのフェーズに分けて、順に説明します。

🧊 構想策定フェーズで行うこと

一般的にプロジェクトの初期段階では、開発手法を問わず顧客の要求やその背後にある課題を整理し、開発するシステムのグランドデザインを描くフェーズが必要になります。まさにアーキテクトの出番です。

具体的には、**①解決したいビジネス課題を明らかにし、②ITで解決する場合はそのソリューション、アーキテクチャを策定し、③それを実現する技術や開発環境、テストツールなどを決定**していきます。そしてこの3点を明確にしながら、**アジャイルを採用するべきか否かの判断**にもアーキテクトは深く携わります。

◆ 解決したいビジネス課題を明らかにする

顧客の中で解決したい課題や得たい価値がある程度、明確であれば、従来型のアプローチでビジネス課題を整理していけばよいのですが、現代はVUCA[6]といわれるように、前提となる環境が急激に変化しやすく、先々の予測が立てにくい時代だといわれています。また、クネビンフレームワークでも示されている通り、ひと昔前と比較すると、正解がわかりきった課題や、専門家が分析すれば解決策が導き出せる課題(たとえば、預金者の利便性を向上するため、銀行の窓口業務の一部をATMやインターネットバンキングによりITシステム化する、など)だけでなく、やってみないと正解がわからない課題(これまでに存在しなかった新規ビジネスの立ち上げなど)や、そもそも問題なのかどうかすらわからない課題も増加しています。

---

[6]:Volatility(変動性)、Uncertainty(不確実性)、Complexity(複雑性)、Ambiguity(曖昧性)という4つの単語の頭文字をとった造語で、社会やビジネスの先行きが不透明で、未来の予測が難しい状況のこと。

●クネビンフレームワーク

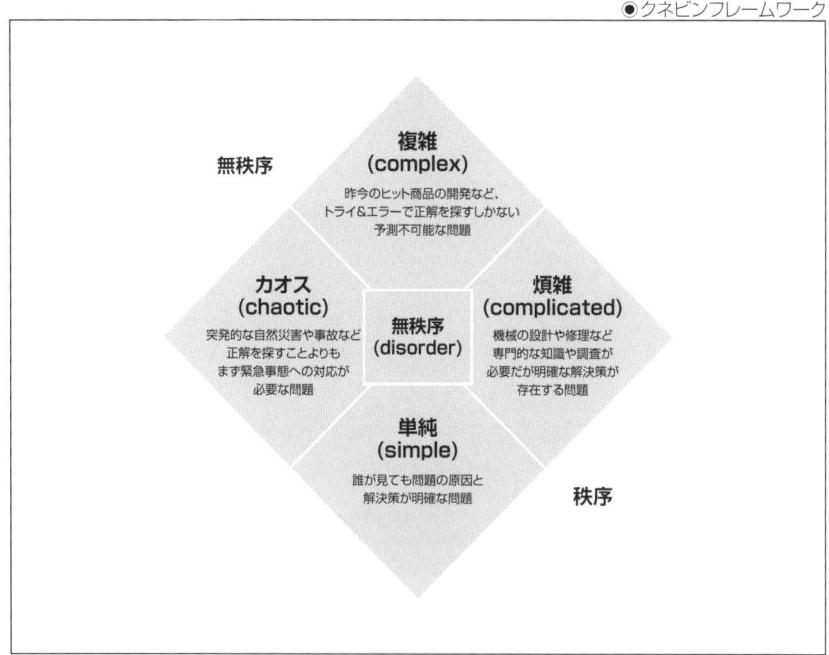

※David J. Snowden and Mary E. Boone (Nov 2007),『A Leader's Framework for Decision Making』, HBRを参照し、筆者が作成

　一般的に**アジャイル開発は、クネビンフレームワークの「複雑」の領域のように、完成イメージがプロジェクトのスタート時点で明確に宣言できないビジネス課題に適している**といわれています。この領域では、まず課題は何かを探り、そのソリューションを仮説として導き出し、仮説を検証するために小さくプロダクトを作って効果を見極め、うまくいきそうであれば本格的な開発を進めていく、というアプローチが有効です。

　ただし、**アジャイル開発を実践するには、構想策定から開発期間中にいたるまで、顧客（システムの発注元）や社内のビジネスオーナー部門といった、ビジネス側との共創体制が不可欠**です。開発ベンダーや開発部門側がこの案件はアジャイル向きだと判断しても、ビジネス側がそれに必要な協力体制をとれない場合は、アジャイル開発はうまく進みません。ビジネス側にプロダクトオーナーなどの役割を担ってもらう場合はなおさらです。

具体的には、次のような点をビジネス側に理解してもらう必要があります。

- 構想策定フェーズや開発フェーズにおいて、アジャイルチームと一緒にプロダクトゴール（作成物の価値や仕様）を検討するセッションに参加してもらうこと
- 最初から完璧な設計図やスケジュールが描ける開発手法ではなく、スプリントを繰り返しながら都度、方向性を見直したり、開発の優先順位を更新したりしてプロダクト仕様を徐々に固めていく、という進め方になることに了承を得ること

必要に応じて、ここでアジャイルコーチやスクラムマスターを招集し、ビジネス側にアジャイル開発の進め方を説明するセッションを持ったり、アジャイルの基本を学ぶワークショップなどを開催することも有効です。

まとめると、アーキテクトはまず構想策定フェーズの初期段階で、ビジネス課題の特性がアジャイル向きかどうか、顧客やビジネスオーナー部門がアジャイル開発に前向きに取り組む姿勢があるかどうかを見極め、アジャイルの採用が妥当かどうかを判断します。

◆ 初期のソリューションやアーキテクチャを策定する

アジャイル採用の妥当性、可能性が高いと判断された場合、ビジネス側と開発側の両者で構想策定チームを立ち上げ、構想策定もアジャイルに行っていきます。

このチームではまず、**「誰のどんな課題解決のために、どのような活動を行うのか」「そのためのコストや期間はどれくらいで、どのように回収するのか」「具体的にどのようなソリューションやリソースを用いるのか」**などを検討します。アジャイルな検討セッション実施のための具体的なプラクティスとしては、CHAPTER 06で紹介した**ビジネスモデルキャンバス**を使ったり、**デザインシンキング**[7]などを用います。これらのワークショップのファシリテーションは、経験あるプロダクトオーナーとスクラムマスターの候補が協力して行うことが望ましいですが、難しい場合は外部からアジャイルコーチを招いたり、ビジネスアーキテクトに実施してもらうのも一案です。

---

[7]:商品やサービスを使う「ペルソナ」と呼ばれるユーザーの視点から、ビジネス上の課題を見つけ解決策を導き出す創造的な問題解決手法。

　こうした構想策定のワークショップ成功のコツは、**時間をかけすぎず、プロダクト開発に意思のある少人数の関係者によって、仮説検証型で構想をまとめ上げる**ということです。このセッションに参加するアーキテクトは、**アジャイルでは最初に完璧なアーキテクチャは作成できない**ことを念頭に置きつつ、アーキテクチャ概要図やユースケース図などのアーキテクチャドキュメントを場面によりうまく活用して、この時点で描けるラフな図を積極的に描くことを心がけます。その場で全員で話しながら描くことで、参加者の認識のずれが短い時間で確認でき、クイックな合意形成が促されます。このセッション開始のタイミングとしては、開発したいシステムの規模や複雑性にもよりますが、開発開始の1〜3カ月前にはスタートさせたいところです。

　ビジネスモデルキャンバスやデザインシンキングによって方向性が決まったところで、アーキテクトは初期のソリューションやIT化する場合のアーキテクチャを描き始めます。初期の段階で構想の実現を阻む致命的な課題（ノックアウトファクター）がないか、既存システムやプロセスへの影響はどのように解消または最小化するのかといったところにも配慮しながら策定をリードします。

　なお、アジャイル開発の場合、策定しているソリューションが本当に課題を解決できるのか、アーキテクチャが機能するのかといったところは、実際に開発を進めながら確認していく形になるので、この時点では100%完璧な全体設計、詳細設計を作り込む必要はありません。この後のアジャイル開発立ち上げフェーズで、より多くの開発者とシステム仕様の詳細を詰めていくタイミングもあるので、この時点では最低限、誰がどのように使い、どのような課題を解決できるシステムなのかを第三者が理解できるソリューション、アーキテクチャを作ることを心がけましょう。

◆ ソリューションを実現する技術や開発環境、テストツールなどの決定

　採用する技術や開発環境、テストツールなどの観点では、次のような点に特に注意し、アジャイルを選択可能かどうかの見極めを行います。

- インクリメンタルな開発が可能な技術を採用できること（クラウドやSaaSなど。既存のオンプレミス環境の変更や移行を伴うものであれば、アジャイルチームが自由に使える開発・テスト環境の準備も検討する）

- アーキテクチャはサービスをコンポーネント化したものを疎結合するのが望ましい（マイクロサービス、何らかのサービス化したコンポーネントのインテグレーションなど。1つのOSやアプリケーションにすべての機能を詰め込むような、いわゆるモノリシックな構造は一般的にアジャイル開発には不向き）
- プロダクトにもよるが、チームでのビルド、テスト、デプロイの一連のパイプラインをなるべく定型化、自動化できる開発・テストツールを選択できること

ただし、プロダクトの特性やプロジェクト環境などにより、これらが完全に実現できないことも多々あります。顧客への価値を実現するプロダクトが開発できること、必要時、状況の変化に対応しながら方針や設計を微調整できることがアジャイル開発においては最重要なので、一般的な考慮点を理解した上で、チームごとに現場の最適解を継続的に考え、より良いものにしていく取り組みが大切です。

なお、特定のIT技術や既存システムに対する専門的な理解が早い段階で必要となる場合は、それらの見識を持つ技術者や業務担当者にも、適切なタイミングで参加を依頼しましょう。

🔹 アジャイル開発に入る前に行うこと（チーム立ち上げフェーズ）

構想策定フェーズが完了し、開発に必要な要員規模やスキルセットが明確になったら、アジャイルチームを立ち上げます。そして、チーム全員で開発するものを認識合わせし、直近2、3カ月分の開発作業の計画を策定します。遅くとも開発開始の1カ月前にはキックオフを行いましょう。

まず、チーム招集の前に、プロダクトオーナーにて構想策定フェーズでの検討結果をまとめておきます。また、物理的なプロジェクトルームで開発する場合は紙やホワイトボードで、リモートで行う場合はオンラインツールを使って、開発に必要な情報をすべて貼り出しておける**アジャイルボード**を用意しておくとよいでしょう。

チームが招集されたら、プロダクトオーナーからプロダクトの概要や開発目的を説明します。そして、説明内容をもとにチームでディスカッションし、**インセプションデッキ**と呼ばれる簡潔な文書に、プロダクト構想や目的、技術的なソリューションや体制、予算、スケジュールなどをまとめていきます。

そして、インセプションデッキをもとに、**ユーザーストーリーマッピング**[8]を行ったり、現時点で考えうるリスクを洗い出したりして、初期のプロダクトのアーキテクチャをチームで検討します。その上で、優先順位の高い作業は何かをチームで認識合わせし、初期のプロダクトバックログを作成していきます。

開発者は、必要に応じてプロダクトオーナーに質問をしたり、完成イメージを絵に描いたりして、プロダクトバックログの完成の定義を明確にします。また開発者にて「相対見積もり」を用いて作業の大きさをポイント数でクイックに見積もります。アジャイルでは開発者が主体的に作業計画を作ることになっているので、プロダクトオーナーは開発者がそれをできるように、実現したいプロダクトの詳細を説明できる必要があります。

構想策定フェーズの時点ではややあいまいだった設計を、このフェーズで専門家である開発者と詳細に詰めていきます。スクラムマスターはそれを両者に促し、チームが共通のゴールに向かって作業を開始できるよう、あらゆる方法でチームを支援します。

このフェーズでは、アーキテクトは①**構想策定フェーズから参画し、プロダクトオーナーとしてチームに加わる場合**と、②**開発者としてこのタイミングでチームに参画する場合**の2パターンが考えられます。

◆ ①構想策定フェーズから参画し、プロダクトオーナーとしてチームに加わる場合

チームが適切なプロダクトを開発できるように、プロダクトの概要や目的、初期のアーキテクチャといった構想策定フェーズの内容を正しく伝える役割を担います。チームがスプリント開始とともに、開発作業を始められそうか、スプリントごとのゴールやバックログの完成の定義をきちんと理解できていそうか確認し、理解が合っていない場合は、指示して伝えるのではなく質問を通して開発者に考えさせるようにするのもポイントです。

◆ ②開発者としてこのタイミングでチームに参画する場合

①のフェーズから参画しているプロダクトオーナーからプロダクト概要や初期のアーキテクチャの説明を受け、それを実現する立場として活動します。具体的には、ユーザーストーリーマッピングやバックログ作成などを通して、開発を開始できる粒度までアーキテクチャや個別の設計をプロダクトオーナーと一緒に詳細化したり、作業計画に落とし込んだりします。

01
02
03
04
05
06
07

08
アーキテクトとアジャイル開発

09

---

[8]:アジャイル開発の初期段階で要件の整理に使う手法の1つ。開発するプロダクトの利用ユーザー視点に立ち、時系列でのユーザーの行動とそのときに求められる価値、それを実現するための機能や要件を開発関係者全員で整理する。

　構想策定フェーズと同様、限られた時間内でクイックに実施することが求められるので、短時間でチームの議論が尽くされるよう、議論の内容や作成物のイメージ図を積極的に描くとチームの助けになるでしょう。

🎲 アジャイル開発実施フェーズ（スプリント）の中で行うこと

　チームで作成物の合意がとれ、向こう2、3カ月の開発計画が立てられたら、いよいよアジャイル開発を開始していきます。

　アーキテクトはいずれのロールを担う場合も、アーキテクトのバックグラウンドを持つ専門家としてチームにアーキテクトスキル育成の意識を持って振る舞うとよいでしょう。

　なぜかというと、アジャイル開発では通常、1〜2週間という短い期間のスプリントごとに、毎回、取り扱うプロダクトバックログの要件を確認し、設計、開発を行って、要件を満たすものができたかどうかテストする必要があります。このサイクルに合わせ、毎回のスプリントで設計やテスト計画の策定、チームへの引き継ぎなどをアーキテクトが1人で担っていては、チームの開発スピードに到底間に合いません。

　また、アジャイルではそもそも、チームメンバーはプロダクト開発に必要なすべてのスキルを持つ「多能工」であるべきで、すべての工程をチーム全員で行うこととしています。よって、最初から適切に実践することは難しいかもしれませんが、徐々にチーム全員で協力してアーキテクト活動を行えるよう、アーキテクトはチームの育成も意識して働きかけていくとよいでしょう。

　チームのアーキテクト能力を素早く底上げしていくには、**実際にやり方や考え方を業務の中でやってみせ、一緒に繰り返し取り組むこと**です。具体的には、次のようなことをチームで習慣化することが大事です。

- スプリントの最初に、スプリントプランニングで取り扱うプロダクトバックログの認識合わせを行う際、アーキテクチャ概要図やユースケース図など、アーキテクチャドキュメントを積極的に作成・最新化する
- 取り扱うプロダクトバックログ、スプリントバックログの「完成の定義」を明確にし、可能であればテストケースの形に落とし込む
- 前のスプリントでデモを行った作成物のリファクタリング[9]を行う

[9]：プログラムの機能や仕様、外部から見た動作を変えずに、内部構造を書き換え、改善していく作業のこと。

「チームで習慣化する」とは、誰かがアーキテクト活動を一手に担うのではなく、チーム全員が意識して取り組むということです。

これが定着するようになると、アジャイル開発のメリットが十分に活かされ、手戻りが少なく、継続的に顧客が求めるインクリメントがリリースできるようになります。チームも働きやすくなり、顧客の前向きなフィードバックを得ることでモチベーションや自律性も自然にアップします。

● 大規模アジャイルのリーダーチームに参画する場合

大規模アジャイルのフレームワークでは、SAFeのように複数のアジャイルチームにプロダクトの方向性を指し示すリーダーチームを設け、その中に明示的にアーキテクトを置くものもあります。リーダーチームにアーキテクトとして参画する場合は、プロダクト全体を統括するプロダクトマネージャーとともにプロダクト全体のアーキテクチャを更新したり、技術リーダーとして技術的な課題に可能な限り早い判断を下すことが重要です。それを実現するためにも、リーダーチームの一員として顧客と頻繁にコミュニケーションしたり、個々のアジャイルチームの状況をスクラムイベントの中でキャッチアップしておくことが重要です。

大規模アジャイルの場合は、デイリースクラムの直後にチーム間の課題共有・解決を行うスタンドアップミーティングを行うことが一般的なので、ここになるべく参加してチームの声を直接聞いたり、チーム合同のプランニングやレビューイベントに参加し、プロダクト開発の最新状況や課題を理解するようにしましょう。プロダクトの品質維持・管理のため、開発規約やリリースプロセスなどを策定して技術的なガバナンスを効かせることも、大規模アジャイルのアーキテクトに求められます。

● SAFeにおけるアーキテクトの位置付け

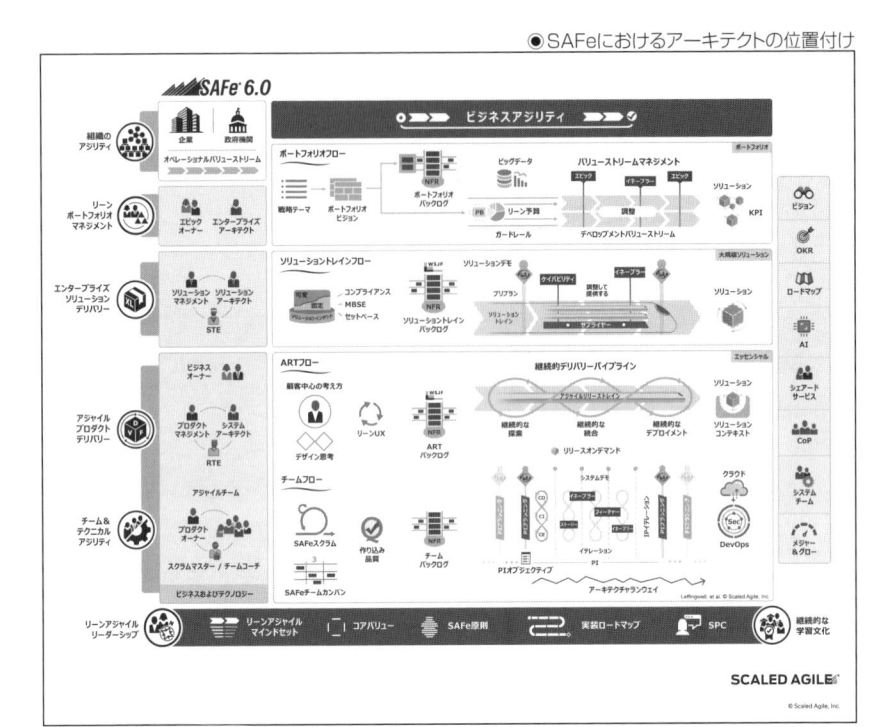

※「https://scaledagileframework.com/wp-content/uploads/2024/08/Full_SAFe6.0_A0_JA.pdf」より引用

　また、比較的大きなプロジェクトチームの場合、エンタープライズアーキテクトやビジネスアーキテクトとして構想策定フェーズのみ参画し、個別のアジャイル開発のチームには入らないアーキテクトもいるかもしれません。しかし、そういったアーキテクトが開発フェーズで何もしていないわけではありません。アジャイル開発を行うチームと並行して、顧客との会話や市場調査を継続しながら、出来上がったプロダクトがビジネス価値を最大化するものになっているか、既存の企業システムやプロセスと相乗効果をもたらすものになっているかなどを確認し、必要なときはプロダクトのロードマップやバックログの追加・更新に携わります。チームの規模によっては、大規模アジャイルのリーダーチームに参画する場合もあるでしょう。

体制はさまざまな形が考えられますが、いずれにせよ、**ビジネス側面とシステム側面の2つのサイクルをアジャイルに両輪で回すことで、アジャイル開発チームは継続的に、顧客提供価値を最大化するものづくりを実践することができます**。先に紹介したScrum@Scaleでは、それをプロダクトオーナー（PO）サイクルとスクラムマスター（SM）サイクルと表現しています。

● POサイクルとSMサイクル

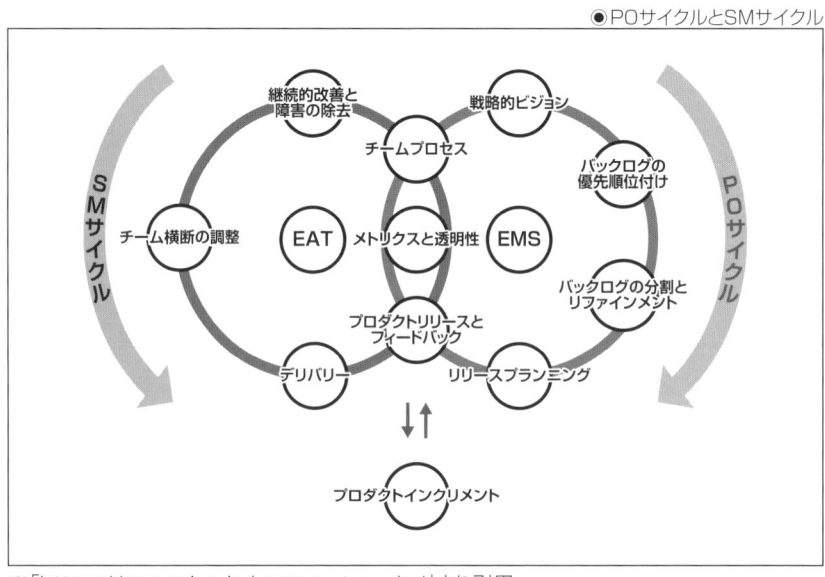

※「https://scruminc.jp/scrum-at-scale/」より引用

　以上、アジャイル開発の3つのフェーズの中でのアーキテクトの役割、振る舞いとその重要性を説明してきました。

　まとめると、構想策定フェーズや大規模アジャイルの開発体制においては、アーキテクトはアーキテクトの「ロール」を実践します。そして個々のアジャイルチームにプロダクトオーナーや開発者として参画する場合は、アーキテクトの「ケイパビリティ」をチーム全員が実践できるよう、チームへのアーキテクト教育も意識した振る舞いをします。そうした活動により、ビジネスの観点では顧客が使いたい、購入したいと思う価値の高いプロダクトをリリースし続けること、エンジニアリング（開発）の観点ではプロダクトに適した技術やツールの採用を実現すること、品質管理の観点ではプロダクトに必要な機能・非機能要件を確実に実装することや、リファクタリングの推進などによりプロダクト品質を高めることにアーキテクトは貢献します。

◉アジャイルプロジェクトのフェーズ分けとアーキテクト活動

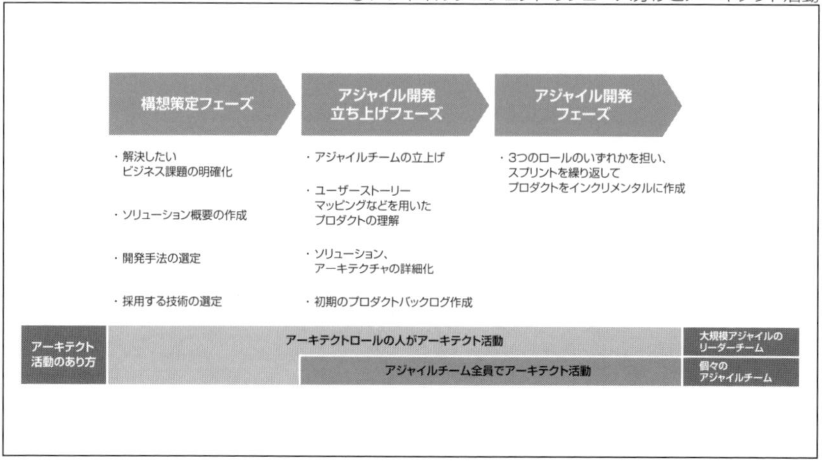

筆者がアジャイル案件に
参画したとき実践していること

　ここまでアジャイル開発におけるアーキテクトの役割について述べてきましたが、「アジャイルにアーキテクチャを作る」「アーキテクトスキルの育成を意識してチームに関わる」といっても、実際にはチームやステークホルダーとの関係性、取り扱うプロダクトの内容や状況などにより、アーキテクトがどのタイミングで何を実施すべきかはさまざまです。

　そこで、筆者が実際のアジャイルプロジェクトに参加するとき、特に注目している2つのポイントを挙げ、具体的にどのようにアジャイル開発プロジェクト携わっているのかを紹介したいと思います。皆さんの現場での実践のご参考になれば幸いです。

🧊 チームにアーキテクチャドキュメントが存在するか

　まずチームに着任して最初に確認するのは、**チームにアーキテクチャドキュメントの類があり、適切なタイミングと工数をかけて継続的に更新できているか、チーム全員が見られるところにそれらドキュメントが置いてあるか**ということです。

　これができていないチームはスクラムイベントなどでのディスカッションが空中戦になりがちで、自分たちが何のためのどんなシステムを作っているのか、何が実現できれば顧客が喜ぶのか、理解があいまいになってしまう傾向があります。その結果、開発者たちが当事者意識を失い、受け身で作業をするようになり、顧客が望む価値・機能が実現できていないプロダクトが出来上がってしまいます。もちろんそのようなシステムの行末は、残念ながら使われない、売れない、ということになります。

　逆に、さまざまなレイヤーで適切なアーキテクチャがあり、それをチームが適切な優先度で確認・更新しながら開発しているチームは、1人ひとりのタスクが明確で、誤解や勘違いによる手戻りもほとんどなく、スプリント期間内にきちんと完成の定義を満たすプロダクトを作ることができます。結果、スプリントレビューでは毎回、ステークホルダーの興味を引くデモを行うことができ、具体的なフィードバックを得られた開発者たちは、張り合いを持って次の開発に取り組むことができます。

　そしてこのようなポジティブな循環によって、アーキテクト活動を大事にする「習慣」がチームに根付いていきます。

　このような成功パターンをチームに根付かせるために、私が現場で具体的に行っていることは、**チームで話すときになるべく絵を描く**ということです。つまり簡易的なアーキテクチャ策定活動を全員で行う習慣を浸透させるということです。

　たとえばスプリントプランニングやバックログリファインメントのとき、プロダクトオーナーを務めている場合であれば、実現したいプロダクトバックログを文字だけでなく、なるべく絵や図も併用して説明するようにしています。開発者のほうが技術的に詳細を理解している場合は、**モブワーク**（複数人で1つの作業に取り組むこと）で全員で話しながら絵や図を描き、理解をすり合わせることもあります。

　このとき、過去に作成したアーキテクト概要図やユースケース図などで、再利用できそうなものがあればチームに展開、活用するようにします。こうすることで、ゼロから絵や図を描くことが苦手なメンバーも比較的簡単に適切なアーキテクチャを作成することができます。

●書く、描くことで短時間で理解がそろう

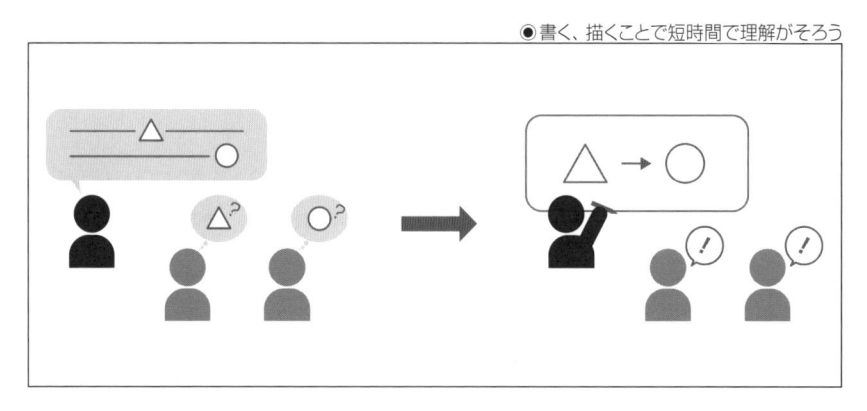

🎁 アーキテクチャ策定をチーム全員で取り組めているか

1点目ができている場合、**アーキテクチャ策定活動をチーム全員で取り組めているかどうか**も観察します。逆にいうと、①プロダクトオーナーや②特定の開発者など、一部の人だけでアーキテクチャを詳細まで作り込んだりしていないかを確認します。

◆ プロダクトオーナーがプロダクトの詳細を作り込んでしまうケース

まず1つ目の、プロダクトオーナーがプロダクトの詳細を立ち上げフェーズで作り込みすぎてしまうケースについて、何が問題なのかもう少し詳しく説明します。このパターンは、特にアーキテクトやエンジニアなど技術に詳しい人がプロダクトオーナーを担当する場合に起こりがちです。そのようなプロダクトオーナーはビジネス価値の視点だけでなく、早い段階で技術的な構想まで具体的にイメージを持っているため、チームの立ち上げまもない時点でどのようなプロダクトを作るか、どうやって作るかなど、開発者に詳細なアイデアまで説明、指示したくなりがちです。

しかし、これをやりすぎてしまうと、ものづくりのプロとして招集を受けた開発者たちの創造性や専門性が発揮される機会が失われてしまいます。結果、プロダクトオーナーに言われた通りに作るチームとなり、ただアジャイルの形式的なイベントをこなす指示型の組織になってしまいます。開発者からプロダクトオーナーの発想以上のイノベーションが生まれにくくなり、アーキテクチャも毎回プロダクトオーナーが用意するパターンが定着、ひどい場合は完成の定義も開発者が確認・決定せず、プロダクトオーナーにいちいち許可をとるというマイクロマネジメントから抜け出せなくなります。

プロダクトオーナーの最も重要な役割はプロダクトが生み出す「価値」を開発者に伝え続けることです。それを技術的にどのように実現するのかは、基本的には開発者の役割であるということを忘れないようにしましょう。

◆ プロダクトオーナーが開発者にプロダクト構想や設計を丸投げしてしまうケース

2つ目のケースは、逆に、開発者側の技術寄りの会話にプロダクトオーナーがついていけず、プロダクトの仕様やロードマップの策定など、プロダクトオーナーの役割を開発者に丸投げしてしまうケースです。

　プロダクトオーナーはテクニカルなアーキテクチャと実装は開発者を信頼して任せながらも、ビジネスアーキテクチャはしっかりと押さえ、それを実現する作成物となっているかどうかの検収をする責任を持っています。この部分を開発者に丸投げしてしまうと、開発者はどこに向かって何を優先して作るべきかがわからなくなり、結果として「開発者が作れるもの」、つまりビジネス価値の観点が抜け落ちた、売れない、使われないプロダクトが作られてしまうことになります。

　こうした失敗に陥らないために、**プロダクトオーナーは、実現したい「ビジネス価値」の言語化は、最低限の自分の役割であるということを理解**し、この点については開発者が理解できるよう準備する必要があります。どのようにまとめたら良いかよくわからない場合は、スクラムマスターやアジャイルコーチ、開発者の力を借り、一緒に言葉や図にまとめてみるとよいでしょう。

　逆に開発者は、プロダクトオーナーが"how"ではなく、"what"や"why"をきちんと説明できているか、つまり**実現したいビジネス価値となぜそれを実現する必要があるのか（誰のどんな課題を解決するプロダクトなのか）をよく確認する**ようにしましょう。そして自分の理解を、ラフでよいので図にしたり、テストケースの形で表したりして、プロダクトオーナーとこまめに認識合わせするとよいでしょう。その結果をチームのアジャイルボードなど、全員が見える場所に貼っておくのもおすすめです。

　特にチームの立ち上げ時は、コミュニケーションが円滑でなかったり、お互いにビジネスや技術理解にギャップがあるなどして、短い時間での認識合わせが難しい場合があります。そのようなときは、**モブプログラミング**（スキルパーソンが複数名と一緒に開発を行うプラクティス）の場を何度かセットして、チームで一緒にアーキテクチャ策定やプロトタイプ開発・テストなどの作業をしながら、プロダクトのイメージ合わせをすると双方の理解が進みます。

　設計の検討やドキュメントの作成なども、モブワークで絵を描きながら話すとチームの理解も当事者意識も高まりますし、繰り返し実施することで疑問の解消やスキルアップにもつながります。チームで協力し合う雰囲気も醸成され、開発スピードも加速度的に上がっていきます。

本章のまとめ

　アジャイル開発においてもアーキテクト活動の重要性は変わりません。むしろ、アジャイルの効果を最大化するためにはアーキテクトの存在とその活動はさらに重要度を増すといってもよいでしょう。

　アジャイル開発における具体的なアーキテクトの役割としては、次のようなものがあります。

- 構想策定フェーズにアーキテクトとして参画する場合は、ビジネスモデルキャンバス、デザインシンキングなどの手法を使ったワークショップの中で、ビジネス課題の探索や、初期のソリューション、アーキテクチャ策定をリードする。開発手法としてアジャイルを採用するべきか否か、採用する場合の適切なテクノロジーやプロダクトアーキテクチャ、開発・テストツールの選定などもアーキテクトがリードする。
- 大規模アジャイルのリーダーチームにアーキテクトとして参画する場合は、プロダクトマネージャーや個々のアジャイルチームと連携し、プロダクト全体のアーキテクチャを継続的に作成・更新したり、開発規約やプロセスを策定して、技術的ガバナンスを実現する。
- 個々のアジャイルチームにプロダクトオーナーや開発者として参画する場合は、チーム全員でアーキテクト活動を実施できるよう、アーキテクトのバックグラウンドを持つ者としてチームの育成も意識して活動する。これからアーキテクトを目指す人は、実践の中でアーキテクチャ策定活動を学ぶとよい。

　このようにさまざまなフェーズ、体制の中でアーキテクトが存分に活躍することで「小さな価値を積み上げることによって、より早く顧客満足に到達する」アジャイルのメリットを最大限に引き出すことが可能となります。

　そしてアジャイルの実践において最も大切なことは、アジャイルとは単なる開発手法ではなく、組織風土を変革し、現場が自律的に動いて顧客価値を最大化する手法でもあるということ、そのような環境・風土を作るためのマネジメントの改革でもあるということです。

　アーキテクトはその本質を理解し、開発手法として使いこなせることはもちろん、技術リーダーとして必要に応じて顧客やチームのマインドセットにも働きかけ、一緒に価値を共創する実践ができるようチームを促していく振る舞いも期待されます。

01

02

03

04

05

06

07

08
アーキテクトとアジャイル開発

09

CHAPTER 09

ITアーキテクトの
スキルアップ

▶▶ 本章の概要

　本章では、ITアーキテクトの持つべきスキルを明らかにした上で、ITアーキテクトが自身のスキルアップのために実践できることとして、受講が推奨される研修や取得を目指すべき資格、ITアーキテクトとしての設計手法、スキルアップのための習慣といった学習要素を紹介します。

ITアーキテクトの持つべきスキル

　ITアーキテクトの持つべきスキルとは何でしょうか。これまでの章で複数のロールのITアーキテクトに必要な素養をそれぞれ説明してきましたが、これを体系的に整理します。経済産業省の独立行政法人情報処理推進機構(IPA)が策定したITスキル標準(ITSS)[1]に記載の「**スキル領域とスキル熟達度**」によると、ITアーキテクトの全職種に共通するスキルは11個あります。下図に示す通り、それらのスキルを3つのカテゴリーに分類すると、ITアーキテクトは「アーキテクチャ構築」「技術動向と業界知識」「人間関係と意思疎通」の領域の素養を求められるといえるでしょう。

●ITアーキテクトの持つべきスキル

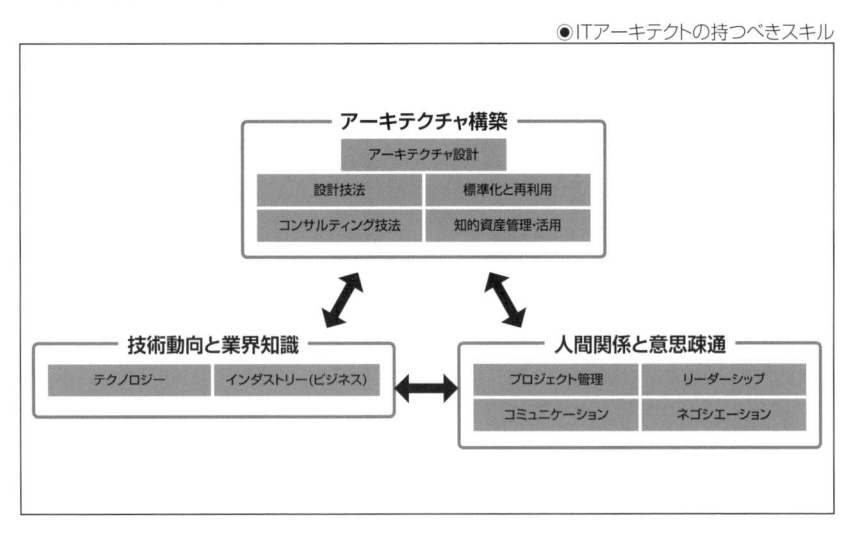

　アーキテクチャ構築には、これまでの章や本章で説明しているITアーキテクトが押さえるべき設計手法や、ITアーキテクチャ設計を進めるためのコンサルティング技法、要件分析・定義の能力、構築プロジェクトの実現可能性評価の知見、後述するリファレンスアーキテクチャなどの既存アセットの活用、アーキテクチャ設計で得られたノウハウの横展開などのスキルが含まれます。

[1]:https://www.ipa.go.jp/jinzai/skill-standard/plus-it-ui/itss/download_v3_2011.html

　技術動向と業界知識には、IT業界の技術トレンドとインダストリーナレッジに代表されるビジネスドメインの理解が含まれます。そして、**人間関係と意思疎通**のカテゴリーには、CHAPTER 04で詳述したITアーキテクトとしてのリーダーシップやコミュニケーションスキル、人とのネゴシエーション能力、ITシステムプロジェクトの管理能力などが含まれます。

　これらのスキルを併せ持つことでITアーキテクトは一人前になりますが、本章では、CHAPTER 04で説明した「人間関係と意思疎通」以外の、「アーキテクチャ構築」と「技術動向と業界知識」のカテゴリーのスキルを磨くためにどのようなスキルアップの手段があるかを説明します。

ITアーキテクトに推奨される研修・資格

　ITアーキテクトがスキルアップする上で必要なこととして、ITアーキテクトとしての思考法を理解して実践できること、ITシステムに関する技術的な知見を身に付けることの2つが挙げられます。本節では「アーキテクチャ構築」の観点での思考法と技術知識を身に付ける手段として、研修受講と認定資格取得の有用性を説明します。

🧊 ITアーキテクト向けの研修

　筆者が所属する組織ではITアーキテクト向けの複数の研修が提供されており、複数日をかけてITアーキテクトがITシステム開発を行う際に、ITアーキテクチャを繰り返し一貫性のある形で設計するための思考プロセスを学ぶことができます。同様の研修は世の中で広くIT系の研修ベンダーから提供されているため、ITアーキテクトを目指す場合は受講を検討するとよいでしょう。

　IPAが策定したITアーキテクト研修ロードマップ[2]によると、こうした研修では次のような内容を学ぶことができます。

- アーキテクチャの概念・ITアーキテクト職種の概要
- アーキテクチャ選択と適用にかかる要件と制約
- アーキテクチャの機能・非機能要件
- アーキテクチャパターンの参照と既存アーキテクチャの再利用
- 設計技法としてのメソドロジー（方法論）：モデリング、フレームワーク
- ITアーキテクトとしてのコミュニケーション・ネゴシエーション・リーダーシップスキル

　総じて、本書の内容を詳細化し、設計ワークショップによる実践などと組み合わせた内容になっており、講師によって平易な言葉で説明を受けることができるため、受講すると現場での悩みや課題感に対する体系化された回答を得ることができるかもしれません。

[2]:https://www.ipa.go.jp/jinzai/skill-standard/plus-it-ui/itss/kenshu-roadmap/index.html

　また、ITアーキテクトという職種自体についての研修ではありませんが、クラウドベンダーやソフトウェアパッケージベンダーが独自に開催している自社サービス・製品に関する研修も受講するとよいでしょう。研修費用を支払って複数日参加するものが一般的ですが、中には無料で開催されている数時間のライブセミナーや、自分のペースで受講できるオンデマンド教材もあるため、関連教材を探してみることを薦めます。もし、あなたがこうしたITベンダーのパートナー企業に所属している場合、パートナー特典として無償で研修が提供されることもあるため、そういった機会を活用することも検討しましょう。

🔷 ITアーキテクトに推奨される資格試験

　研修や現場での実践などで習得した知見を評価するための資格試験として、IPAが実施する「システムアーキテクト試験」[3] があります。多肢選択式、記述式、論述式などの形式で次に挙げる上級エンジニアとしての能力を問われます。受験者自身のITアーキテクトとしての経験・知見が体系化され、汎用的な形で定着していることを確認するために最適です。

- 受験者が全体最適の観点からITシステムの設計とそれに必要な業務・技術要件の分析と整理が可能であること
- モデル化などの設計手法を用いてITシステムを設計し、ITシステムに関する基本的要素技術の知見をもって設計したシステム方式の品質やセキュリティを担保しながら、ITシステムの構築をリードできること
- 設計されたITシステムの投資及び業務効果や運用について適切な評価基準を設定して評価し、その設計を再利用可能な形に汎化可能なこと

　また、公的機関が実施する資格試験以外に、ITベンダーが提供する資格試験もITアーキテクトとしてのスキルアップにつながるでしょう。例として、クラウドサービス全盛の昨今において、クラウドベンダーが提供するクラウドサービスの利用と設計に特化した資格試験が、技術分類とレベル別にベンダーごとに十数個以上提供されています。アーキテクト、デベロッパー、データエンジニア、セキュリティ、ネットワーク、データベースといった領域のスペシャリスト向けにクラウドサービスを用いた設計と実装を問う問題が試験ごとに出題されます。

　これらの資格を取得するために、自身が詳しくない幅広い技術領域の学習を行うことによって、ITアーキテクトに求められる広範な技術に対する知識を付けることができるため、クラウドサービスの設計という切り口からITアーキテクトに必要な見識を磨くことは有用です。

　また、汎用性のある基礎的な技術知識に加えて、クラウドサービスはその利用に特化したベンダーごとの固有の作法があるため、その専門性を学習することは意義があります。ITベンダーの資格試験は学習対象としては手ごろであり、レベルや技術領域ごとに提供されているため、1つ取得したらステップアップのために順次、次の資格取得を目標にすることができますが、受験費用を負担に感じる場合は、ITベンダーが提供する割引バウチャーや所属する組織の資格試験補助などを活用しましょう。

　一方、筆者の考えとしては、**ITベンダーの提供する資格試験は技術的な知識と設計判断を問う観点では良い学習対象**になりますが、ITアーキテクトに求められる素養、特に「人間関係と意思疎通」のスキルカテゴリーの専門的な設計を平易な言葉で人に伝えるコミュニケーション力や、試験では出題されないサービスの仕様や不具合に遭遇したときのトラブル対応力、座学のみでは実感が難しいプロジェクトが危機に陥ったときの挽回経験などを体得するという意味においては、**実際のプロジェクト現場でのリアルな課題対応**に勝る習熟の方法はありません。

　ITベンダーの資格は知識問題であるため、技術者として持つべき必要な知識を揃えていることを証明する観点では、1つのベンダーの資格を早期にすべて取得することを目標にするくらいがよいでしょう。それに加えて実践経験があることがITアーキテクトとして上級であることの証左になります。ITアーキテクトは上級エンジニア職であると言えるため、その道のりは一朝一夕で踏破できるものではありません。

ITアーキテクトの
設計手法・作成物

　ITアーキテクトとして体系的なシステム設計を行う上で、設計手法を押さえることは必須になります。本節では、先述のITアーキテクト研修などで学習する代表的な設計手法や作成物について紹介します。

　ITシステム開発における作成物は下図に示す通りプロジェクトのフェーズごとに数多く定義されていますが、本書ではその中でもITアーキテクチャの設計において代表的に取り上げられるものを説明します。

　また、本書のCHAPTER 07でThe Open Group Architecture Framework（TOGAF）に代表されるエンタープライズアーキテクチャ（EA）のフレームワークについて説明しましたが、本節で説明するITアーキテクチャの設計手法に加えて、企業の業務と情報システムを含めた全体デザインを行うためのEAフレームワークを理解すると、ITアーキテクトとしての見識が深まります。

●ITシステム設計における主要な作成物

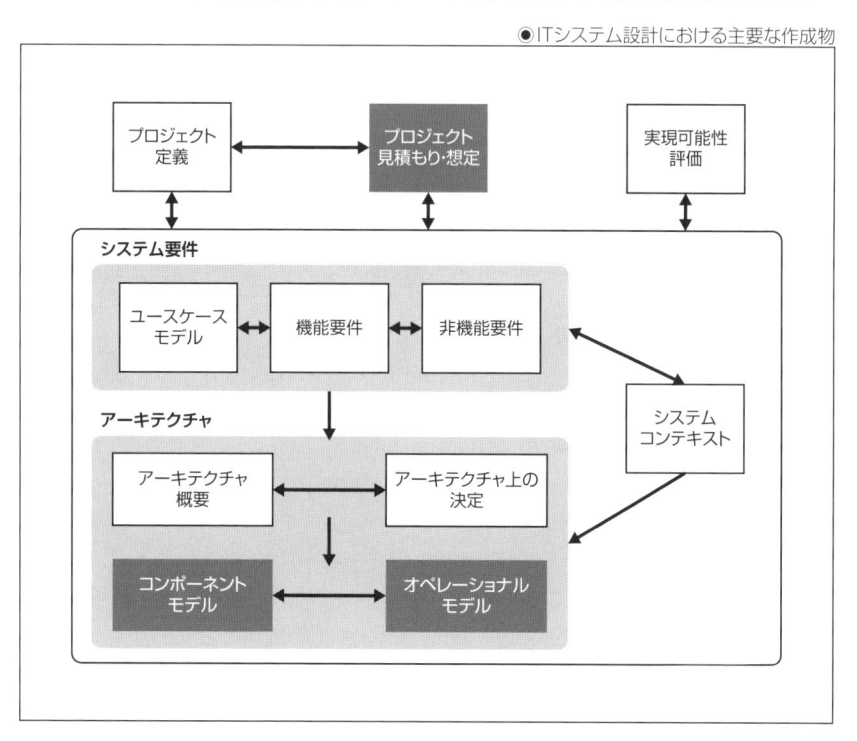

🧊 アーキテクチャ概要

　システムの設計を行う際は、アーキテクチャ概要図（AOD、Architecture Overview Diagram）を作成し、さまざまな属性・認識の関係者が自身の意図するITシステムのコンセプトに対する**俯瞰的な共通理解**を持てるようにします。ITシステム構築には多くの関係者が携わるため、システムを利用する業務部門の担当者や、システム部門の担当部長、構築支援するベンダーの担当営業、新たに参画した開発チームのメンバーなど多様な属性の関係者とコミュニケーションを円滑に進めるために使用します。

　描き方の作法は定められていないため、表現したい目的に沿って主要機能ごとに図を並べたり、ITシステムのコンポーネントごとに3層レイヤーのように表現したりします。システムインテグレーターのITシステム提案書の冒頭に記載される全体構成図がこれに近いイメージとなります。

　ITシステムのバリュープロポジション（独自の価値）がどこにあるかを明確にして、伝えたい相手に合った観点で概要を簡潔かつ効果的に伝える内容を考える必要があります。

◉アーキテクチャ概要図

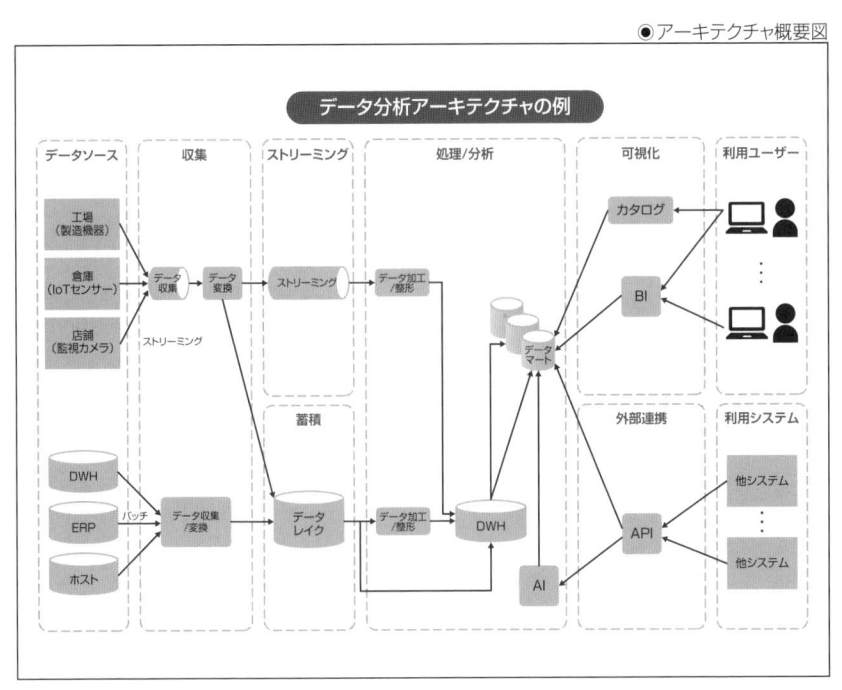

🔲 システムコンテキスト

システムコンテキストは企図するITシステムがどのようなITシステム環境に囲まれているかを表現します。構築するITシステムと外部のシステムの機能的な境界を明らかにし、ITシステムがどのような主体とのインターフェースを持つかを表します。システムコンテキストにおける主体とは、別機能を提供する外部システムと、システムを利用する人を指します。

システムコンテキスト図の目的は、対象のITシステムが何の機能を提供するかのスコープを明確にし、利用者がシステムに求める機能要件と対象のITシステムを取り巻く技術的な構成のつながりを表現することです。**ITシステムの機能スコープと周辺システム環境に対する基礎的な理解を表す図**になるため、構築プロジェクトではシステムコンテキスト図を用意して実現したい機能に対する合意を取りましょう。

● システムコンテキスト図

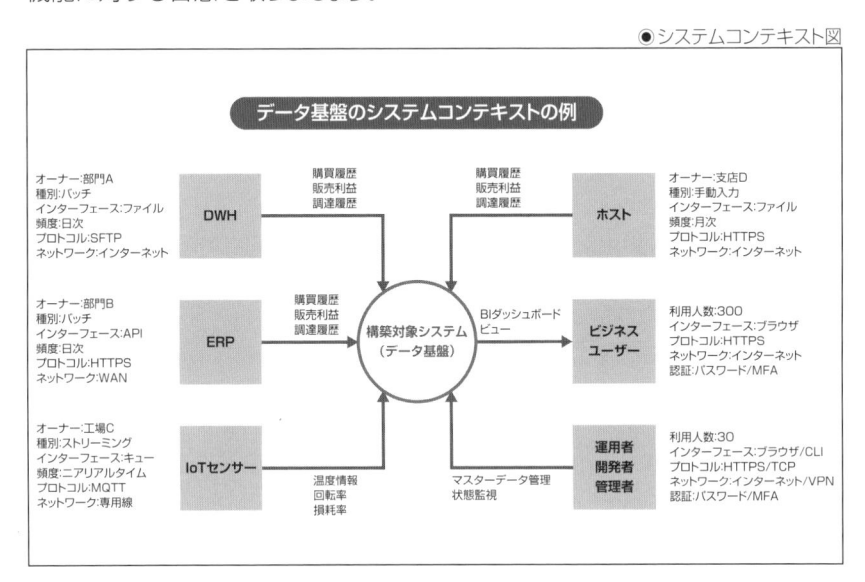

コンポーネントモデル

　モデリングはITシステム設計において重要な手法です。大規模で複雑な機能群からなるITシステムを理解するためには、どのコンポーネントがどの機能に対する責任を持つかを明確にすることで**機能間のつながりを可視化し、必要な機能の見過ごしや取りこぼしを最小化**できます。

　システムコンテキスト図が構築対象のITシステムを取り巻く外部環境との関係性を表しているのに対して、コンポーネントモデルは構築対象のITシステムの中でどういったシステム機能がどのように関係しているかの構造を表します。コンポーネントはモジュールと呼ばれる機能のグループを指し、コンポーネントモデルでは各コンポーネントがどういった機能を提供し、どのような処理を行い、何の情報に対して責任を負うかを表します。コンポーネント間はAPI（Application Programming Interface）に代表されるインターフェースを介して情報をやり取りします。

　もっとも、コンポーネントは必ずしもアプリケーションプログラミングにおける機能単位のみを指すのではなく、顧客対応業務のようなビジネス上の業務処理単位や、セキュリティにおける認証・認可サービスといった機能単位、OSやハードウェアといった機能単位の表現にも使用されます。コンポーネントモデルはUML（Unified Modeling Language）と呼ばれる表記法に含まれ、UMLは多くのITシステム設計ツールでサポートされています。

●コンポーネントモデル（シーケンス図）

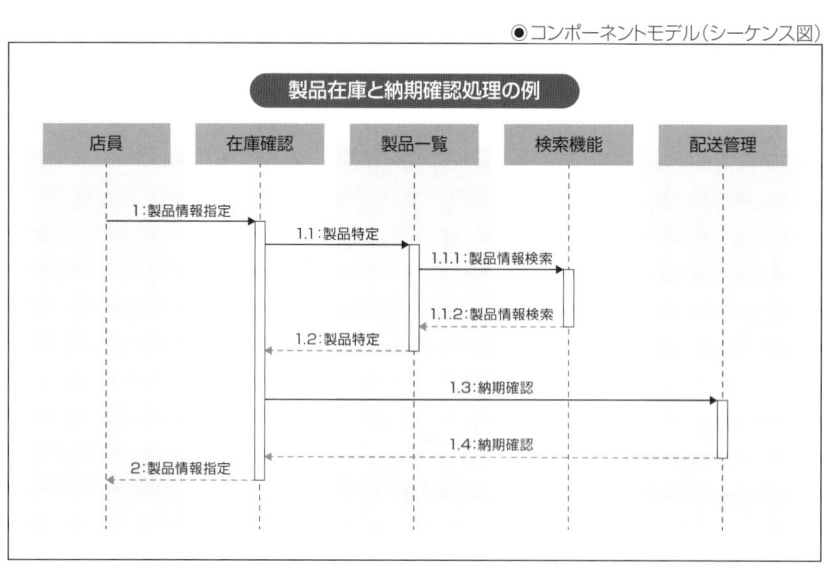

232

🔲 オペレーショナルモデル

コンポーネントモデルがITシステムの機能側面の役割とつながりを表すのに対し、オペレーショナルモデルはどのコンポーネントがどこで稼働するかという機能配置や、コンポーネントを実行するサーバーがどの場所にあり、それをつなぐネットワークがどのようなトポロジーになっているかという運用的・システム基盤的側面を表します。オペレーショナルモデルを作成することにより、ITシステムの**非機能要件である性能や可用性といった要件を満たすことが可能であるかを図式化**して検討することができます。

たとえば、何の機能がどこで実行されるかが重要となるケースとして、クラウド環境で稼働するデータ分析システムと各地の工場機器のセンサーの関係を考えてみましょう。工場機器のセンサーデータはクラウド環境に収集され、機器の損耗状況の分析や予知保全のために利用されます。特別なリアルタイム性を求められない分析処理においては問題ありませんが、センサーから得られた情報を機械学習のモデルに入力し、生産ライン中の不良品をリアルタイムで検知するといった処理を行う場合は、処理の遅延を最小化することが必要になるでしょう。この場合、物理的にクラウド環境と各工場は距離が離れており、毎処理をネットワーク上の通信で往復させるのは適さないかもしれません。機械学習モデルをクラウド上で実行する代わりに、工場に機械学習モデルが稼働するサーバーを配置して実行すれば処理の遅延を最小化することができます。

この考え方をクラウドコンピューティングに対してエッジコンピューティングと呼びます。オペレーショナルモデルを作成することで、このようなシステム機能の非機能要件を可視化して検討することができます。

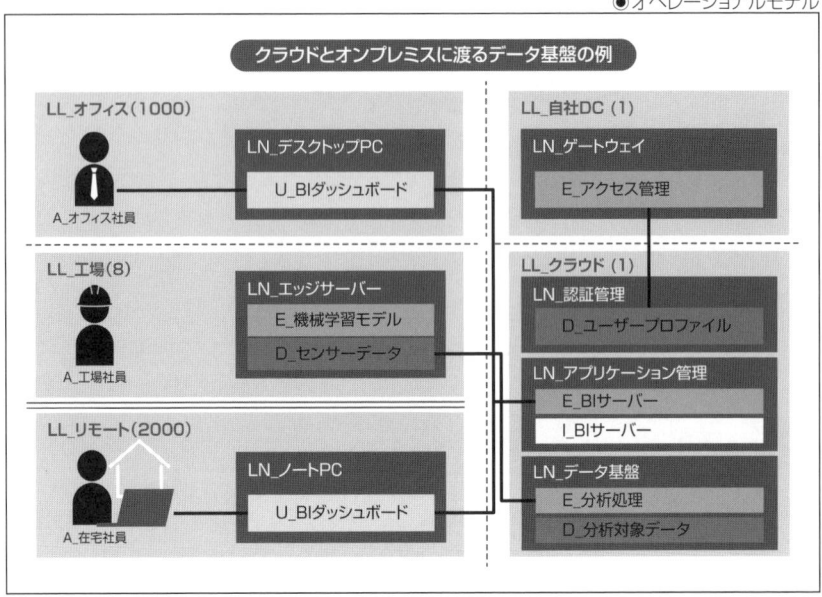

クラウドとオンプレミスに渡るデータ基盤の例

🗔 アーキテクチャ上の決定

アーキテクチャ上の決定(AD、Architectural Decision)は、ITシステムの設計を行う上で**ソリューションの作成に決定的な影響を与える判断**を行い、決定した経緯と理由をまとめるものです。

ITシステムのアーキテクチャを決定する際、複数の選択肢・候補が考えられ、どれも利点と欠点があることでしょう。設計判断を行う上で決定すべき要素に関連する要件をまとめ、各要件と設計の候補に重み付けを行った上で最良の決定を下すという一連のプロセスがアーキテクチャ上の決定で求められます。

また、自身が行った設計判断に合理性があることを明確にし、その結果のソリューションが機能要件・非機能要件を満たすことを確認するために設計判断の根拠をアーキテクチャ決定記録(ADR、Architectural Decision Records)として文書化することは、チーム全体の共通理解の形成に役立ちます。

　プロジェクトが進行してフェーズが進んだときに、プロジェクトに関わるメンバーも入れ替わります。構築しているITシステムの設計判断がどのような理由で行われたのかが文書として記録されていると、仮に何かしらの課題によって設計変更の必要が発生したとしても、後から参画したメンバーが当初の判断を踏まえた検討を行うことができます。

　これは、単に構築プロジェクトが進行している数カ月から数年の短い期間の話だけではなく、本番運用に乗ったITシステムが非常に長期間稼働することになった場合でも同様です。長い期間をおいてビジネス要求や環境制約の変化などから設計・仕様を変更することになった際に、ITシステムが作られた時点の設計判断を継承して正しく変更を行うには、アーキテクチャ決定記録のような文書が適切に作成されていることが非常に重要です。文書化が正しく行われていなければ、設計当初には留意されていた課題が年月の経過とともに忘れられ、後の構成変更で顕在化してシステム障害の発端になるといったケースも起こり得ます。

　アーキテクチャ上の決定をアーキテクチャ決定記録に記載する際は、検討項目/何を検討したか、決定項目の管理番号、その設計が解決すべき課題、設計における前提、検討が必要な理由、設計上の選択肢、設計の決定事項、設計を決定した理由、決定した設計によって発生した影響、関連事項を記載します。

　アーキテクチャ上の決定を記載する際に注意すべきことは、そもそもアーキテクチャ上の決定を作成しないこと、内容が不明瞭・あいまいになること、設計の選択肢が決定した1つしか記載されておらず、その他の選択肢の記述が薄くなること、決定した設計に対するガイドやコードなどの記述まで盛り込んでしまうこと、決定によって影響する他の検討事項や依存関係のある設計項目が記載されていないこと、設計に対する判断理由が複数の文書に分散して1つにまとまっていないこと、組織のアーキテクチャ原則や組織IT標準など、定められた方式や承認プロセスに従わないで決定してしまうこと、などになります。

● アーキテクチャ決定記録

主題	コンテナオーケストレーションサービスの選択	トピック	コンテナ
アーキテクチャ上の決定	コンテナオーケストレーションサービスにはKubernetesを採用する。	管理番号	AD-001
問題の説明	クラウド上のコンテナアプリケーション基盤に採用するオーケストレーションサービスについて、クラウドベンダー独自のサービスとマネージドなKubernetesのどちらを選択するべきか。		
前提	・対象組織は自社オンプレミスデータセンターでもコンテナを稼働している。 ・対象組織は技術スキルのあるDevOpsチームによってITシステム運用を行っている。・コンテナ基盤の運用コストは下げたい。		
検討の理由	コンテナオーケストレーションサービスはそれぞれの特色を備えているため、組織の状況に適したサービスを選択することで最大限のメリットを享受することができる。		
選択肢	・オプション1:クラウドベンダーによるマネージドKubernetesサービスを選択し、バージョンアップの運用負荷を下げるために複数クラスターを稼働する。 ・オプション2:クラウドベンダー独自のオーケストレーションサービスを選択し、シンプルな構成による運用負荷の低減を享受する。		
決定	オプション1を採用する。		
決定の理由	組織はオンプレミスでもコンテナを稼働しており、コンテナ運用を標準化する上でオーケストレーションサービスをオンプレミス・クラウドで一貫してKubernetesに統一するメリットが大きい。 Kubernetesは技術的複雑性により運用負荷が高いが、技術スキルの高い運用チームが存在することから運用が十分に可能である。		
影響	Kubernetesはクラスターの定期的なバージョンアップが必要であり、シングルクラスターではバージョンアップ時の影響調査を事前に行えないため、複数クラスターで運用を行うものとする。		
派生した要件	なし		
関連する決定	Kubernetesの複数クラスターでの運用を行う。		

🌐 リファレンスアーキテクチャの活用と作成

　リファレンスアーキテクチャとは、ITシステム設計のベストプラクティスを元にシステム用途ごとに汎化され、再利用可能なアーキテクチャを指します。ITシステム設計の定番と表現できるかもしれません。クラウドサービスは、競合との差別化ポイントにならない共通化できる機能をクラウドベンダーがサービス化してメンテナンスを行うことで、利用者が本質的な利益になる設計や実装に集中することができることが利点の1つです。

　その実現のためにクラウドベンダーがクラウドサービスの構築パターンとしてリファレンスアーキテクチャを数多く公開しています。

01
02
03
04
05
06
07
08

09

ITアーキテクトのスキルアップ

　もっとも、リファレンスアーキテクチャはクラウドサービスだけのものではなく、クラウドサービスが普及する以前から効率的なITシステム設計を行うために多くのITアーキテクトによって考案されてきました。**ITシステムの構築は、同じ目的を達成するのであれば、実績のある設計を利用して効率的に行われるべき**であるため、リファレンスアーキテクチャのような参照可能なアセットを活用し、自身でも設計に際して試行錯誤して得られた結果を知見としてまとめることが求められます。

　リファレンスアーキテクチャに限らず、アーキテクチャ概要図やアーキテクチャ決定記録など本章で取り上げた作成物はいずれも機能が近しいITシステムを構築する場合は有用のため、ITシステムの設計は既存のアセットをいかに再利用して省力化するか、再利用可能なアセットをどれだけ作成するかという観点が重要になります。

🔹 ITアーキテクトの作成物の留意点

　ITアーキテクトは原則的に本章で取り上げた設計手法や作成すべきドキュメントを意識してITシステムの設計を進めることが必要ですが、一方で、プロジェクトの現場は非合理な制約の集合であり、時間的・労力的にすべての観点をきれいに文書化することは難しいケースが多いのが実情です。その場合でも、短期的には文書化ができないとしても、記憶が新しいうちに後からまとめるなどITシステム構築プロジェクトが少しでもあるべき形で進められるように努力しましょう。

　あるべき形からそれて同じような検討を何度も繰り返してしまう、といった**非効率な設計プロセスを改善することがITアーキテクトの職務の負荷を軽減する**ことになり、ひいてはIT業界全体の能率向上と進歩につながります。

ITアーキテクトのスキルアップの
ための習慣

　ITエンジニアはトレンドの変化の激しいIT業界において、継続的に新しい技術の学習を行うことで自身が陳腐化せず、より良いITサービスを提供できるように研鑽を積むことが求められます。そのためには、前節で述べたように研修を受講することや、資格試験のための準備などの目標を立てて、**継続的に学習する**ことを習慣化するとよいでしょう。

　実際には、業務で忙しい日々において自身が立てた目標通りの実行は難しいものですが、時間がかかっても一歩ずつ進んでいくことが大切です。

　本節では、そうしたITアーキテクトに必要な「技術動向と業界知識」のスキルをどのように伸ばすかを説明します。

🌐 情報のアウトプット

　まずは、情報のアウトプットとして、前節で紹介したアーキテクチャの設計にかかる作成物や、試行する中で得たLessons Learned（教訓）を**周囲へ発信**することを推奨します。情報発信するとその内容に対する反応が生まれ、より多くの情報が集まります。そうして蓄積された知見や集合知をベストプラクティスとすることで、結果的に自身の知識が最新化され、アーキテクチャ設計においてもより効率的な進め方をすることができるようになります。

　情報を発信するためには自身の思考を整理して言語化する必要があり、発信する内容が正確であるか調査するといった作業の過程で、自身の物事に対する理解を深めることにもなります。現在では、SNS投稿やブログ記事の執筆、メディアへの記事寄稿、セミナーイベントでの登壇、ユーザーコミュニティでのライトニングトーク（LT）、IT技術に関する論文の執筆、本書のような書籍の出版など、さまざまな媒体で個人が情報発信できるようになりました。YouTubeをはじめとした動画投稿サイトへの投稿や、音声SNSでの気軽な発信という形態も選択肢になります。

　情報のアウトプットは文章を書いたり話したりすることに留まらず、プログラミングが得意であれば、オープンソースソフトウェア（OSS）のプロジェクトに対して変更をコミットすることでコントリビューションを行うこともよいでしょう。

こうした活動について最初はハードルが高いと感じるかもしれませんが、積極的に情報のアウトプットに取り組んでみることをおすすめします。小さな取り組みを続けることで周囲から認知され、やがてはそうした取り組みがより大きな活動を行う機会につながります。

🔹 コミュニティ活動への参加と情報収集

IT業界はさまざまな有志のコミュニティ活動も盛んです。共通するトピックごとに人が集まり、議論してみると自身と同じことを他の人も考えていたのかといった気付きを得られ、人とのつながりを作ることができます。IT業界は狭いもので、キャリア形成を行う上で人脈は存外有効に働くことがあるため、人によっては性に合わないこともあるでしょうが、自身が所属する組織内外のそうした集まりに参加してみることは人とのネットワーキングの経験になります。

近年では、Discordに代表されるコミュニケーションツールを利用したバーチャルな開発者コミュニティが数多く立ち上がっており、こうした場に参加するのも1つの手でしょう。また、インダストリーナレッジの蓄積についても、特定業界向けのITセミナーの開催やコミュニティの発足がしばしばあり、ビジネスドメインの学習は実際に自身が知識を習得したい業界に身を置くのが一番である一方、そうした場への参加を成長のきっかけにすることは可能でしょう。

コミュニティ活動に参加するほどの気持ちの準備がないという場合でも、自身がITシステム設計で関わる技術の機能リリース情報や、IT系情報メディア記事、他のエンジニアが発信している記事などをSNSやRSSフィードでこまめにチェックすることで新技術に対するアンテナの感度を高めることができます。

もちろん、本書のような書籍やIT技術雑誌を参照することでWebでは入手が難しい専門的な知見や、体系的な情報を得ることもできます。ポイントは、色々な媒体の情報をソースとして世の中のITトレンドの動きをフォローし、変化に強い考え方を持つことです。

そして、情報収集が十分にできるようになったら、今度は自身が情報の発信者としてコミュニティ活動の主宰やセミナー開催を企画することに挑戦してみてください。ITアーキテクトは人を主導する職種であるため、**多くの人に経験を積む場を提供することもその役割の1つである**といえます。

本章のまとめ

　本章では、ITアーキテクトに求められるスキルをカテゴリーに分けて説明した上で、ITアーキテクトがスキルアップするための実践方法として、ITアーキテクトの設計プロセスや技術知識を身に付けるための研修受講と認定資格取得について説明しました。また、ITアーキテクトが必ず押さえるべき設計手法や設計した結果の作成物について代表的なものを紹介しました。

　加えて、トレンドの変化が速いIT業界にキャッチアップするために継続的な学習とアウトプット、コミュニティ活動への参加が有効であることを説明しました。本書をきっかけにより多くの人がITアーキテクトという職種に興味を持つようになり、ITアーキテクトとしてスキルアップしてIT業界全体が活発になることを期待しています。

おわりに

　本書を手に取っていただき、ここまでお読みいただいたことに、執筆陣一同、心より感謝いたします。

　最初はイメージの湧きにくかった「ITアーキテクト」や「ITアーキテクチャ」という用語が、少しでも読者の皆様にとって身近なものとなっていれば幸いです。

　一口に「ITシステムの設計」といっても、ソフトウェアやインフラストラクチャなどのシステムを構成する要素のレベルから、企業全体や各企業の事業領域、さらには各事業領域におけるビジネス課題に対応するソリューションのレベルまで、その対象が多岐にわたることから、各分野に対応した章に分けて説明してきました。それぞれの分野で専門的な知識と経験を持つアーキテクトが、ニーズの把握や実現方法の検討、ステークホルダーとの合意を経て、ITシステムの構造を決定し、最終的に企業や団体の成功に寄与していることがイメージいただけたのではないでしょうか。

　ITアーキテクトの仕事の進め方に関しては、従来からのシステム開発の工程に応じたものばかりでなく、昨今の急速な社会の変化や技術の進化に対応できるよう、アジャイル手法を取り入れた、柔軟性と迅速性を兼ね備えたアプローチがあることも紹介しました。チーム全体がアーキテクチャに対する理解を深め、継続的なフィードバックを取り入れ、アーキテクチャを進化させていくという新たな仕事の進め方の中で、変化をリードするアーキテクトの姿が想像いただけたかと思います。

　ITアーキテクトになるために、多様なスキルが求められることもおわかりいただけたものと思います。技術的な知識だけでなく、ビジネスの理解、コミュニケーション能力、リーダーシップなど、ソフトスキルがアーキテクトの仕事の成果を左右するのだということを、ぜひ認識しておいてください。

　筆者の所属する企業では、ITアーキテクトの職種に就く社員たちが、自律的にコミュニティを立上げ、志を共にするメンバー同士で積極的に交流を深めています。アーキテクトの方法論を追求するコミュニティ、先進技術に関する情報収集をして相互に教え合うコミュニティ、資格取得のためのノウハウを交換するコミュニティなどがあります。幅広い知識と経験が求められるアーキテクトにとって、各自の得意分野を持ち寄って共有することは、効果的なスキルアップの手段となっています。

また、こういった活動の中で、先輩社員が若手の成長を見守りながら、必要に応じて指導を行うメンタリングも行われています。人間力と技術力が実力に直結するアーキテクトならではの育成手法といえるでしょう。

　最後に、そんな私たちのチームで活躍するITアーキテクトに共通する「人となり」をまとめてみたいと思います。

- お客様やチームと意思疎通が図れる人
- さまざまな役割や得意分野をもつメンバーと連携し、理解を得られる人
- お客様と強い信頼関係を築き、その代弁者になれる人
- 複雑な問題を解きほぐす論理的思考ができる人
- 「なぜ?」で問いかけ問題と解決策を特定できる人
- 難しいテーマをわかりやすくシンプルに伝えられる人
- 好奇心に溢れ自らを成長させ続けることができる人

　いかがでしょうか。少しでもこれに当てはまる、もしくはこういった特徴を持つ人たちをキャリアの理想像にしている、という方は、ITアーキテクトに向いているかもしれません。

　ITアーキテクトは、ビジネスと技術をつなぎ、ときに社会を支える基盤を設計して世に送り出す、とても重要な役割を担っています。その責任は大きく、挑戦も多いですが、その分、やりがいも非常に大きい仕事です。変化の激しいIT業界の中にあって、スキルの幅広さまでもが求められるため、継続的な学習と自己研鑽が欠かせない職種ではありますが、その努力は必ず実を結ぶことでしょう。

　皆様がITアーキテクトとして成功し、素晴らしいキャリアを築かれることを心から願っています。本書がその一助となることを、執筆陣一同祈りつつ、結びのメッセージとさせていただきます。

2024年8月

著者一同

索引

■監修者紹介

<ruby>澤橋<rt>さわはし</rt></ruby> <ruby>松王<rt>まつお</rt></ruby>

キンドリルジャパン株式会社 執行役員 最高技術責任者 兼 最高情報セキュリティ責任者
一般社団法人日本情報システム・ユーザー協会非常勤講師
The Open Group Distinguished IT Architect
TOGAF9 Certified
監修およびCHAPTER 01を担当。
主な著作に「ゼロトラストセキュリティ入門」「AIOps入門」「カオスエンジニアリング」「クラ
ウドネイティブセキュリティ入門」「OpenShift徹底活用ガイド」「OpenStack徹底活用テ
クニックガイド」(共にシーアンドアール研究所)がある。

■著者紹介

<ruby>臼杵<rt>うすき</rt></ruby> <ruby>翔梧<rt>しょうご</rt></ruby>

キンドリルジャパン株式会社所属。シニアリード・クラウドアーキテクト。
CHAPTER 04 ／ CHAPTER 09を担当。クラウドインフラストラクチャのエキスパートと
して、クラウドを活用した案件のソリューショニング、提案、デリバリーを担当。プリセールス
活動を主軸に、エンタープライズのお客様へ向けて技術面から幅広い業界の国内外ITシス
テム構築を支援している。近年はクラウド共通基盤やデータ活用基盤の構築、マルチクラウ
ドの高可用性システムの設計を実施。培った知見をもとにセミナー登壇やメディア記事寄稿
も行う。2024 AWS Ambassadorに選出。AWS認定資格12個、Google Cloud認定
資格11個保有。

<ruby>奥山<rt>おくやま</rt></ruby> <ruby>加菜子<rt>かなこ</rt></ruby>

キンドリルジャパン株式会社 クライアントテクノロジー戦略部門カスタマーエンタープライ
ズアーキテクト。
CHAPTER 05を担当。
2005年に日本アイ・ビー・エム株式会社入社後、2021年分社化によりキンドリルジャパ
ン株式会社へ移籍。
インフラアーキテクチャー全般を担当領域とするアーキテクトとして、金融業界のお客様を
中心に、システム更改や運用変革のご提案、次期システム構想、ITロードマップ策定支援に
従事。TOGAF9、ITIL V3 認定保有。